Relativitätstheorie

Bernhard Lesche

Relativitätstheorie

Die objektive Geometrie der Raumzeit verstehen

Bernhard Lesche
Juiz de Fora, Brasilien

ISBN 978-3-662-73560-2 ISBN 978-3-662-73561-9 (eBook)
https://doi.org/10.1007/978-3-662-73561-9

Die Deutsche Nationalbibliothek verzeichnet diese Publikation in der Deutschen Nationalbibliografie; detaillierte bibliografische Daten sind im Internet über https://portal.dnb.de abrufbar.

Übersetzung der portugiesischen Ausgabe: „Teoria da Relatividade" von Bernhard Lesche, © São Paulo 2005. Veröffentlicht durch Livraria da Física. Alle Rechte vorbehalten.
Das eingereichte Manuskript wurde ins Deutsche übersetzt. Die Übersetzung wurde mit künstlicher Intelligenz erstellt. Um eine hohe Qualität der Übersetzung zu gewährleisten, wurde sie anschließend von den Autor*innen inhaltlich geprüft und ggf. überarbeitet. In stilistischer Hinsicht kann sie sich dennoch von einer herkömmlichen Übersetzung unterscheiden.

Springer Spektrum ist ein Imprint der eingetragenen Gesellschaft Springer-Verlag GmbH, DE und ist ein Teil von Springer Nature.
Die Anschrift der Gesellschaft ist: Heidelberger Platz 3, 14197 Berlin, Germany

Vorwort

Dieses Buch richtet sich an Studenten der Physik, Mathematik, Chemie und Ingenieurswissenschaften in den ersten Semestern, die die berühmte Relativitätstheorie verstehen und nicht nur die Fähigkeit zur Problemlösung erwerben möchten. Wir stellen die Theorie auf eine unkonventionelle Weise vor, indem wir die Leser direkt in die Geometrie der Raum-Zeit einführen. Dieser Ansatz ist einfach und offenbart die wahre Natur der Raum-Zeit-Konzepte. Der Text entstand aus einer Vorlesung, die ich 1996 für Physikstudenten des vierten Semesters der UFRJ (Universidade Federal do Rio de Janeiro) hielt. Der gewählte Ansatz ist auch für Studenten der Ingenieurwissenschaften, Chemie und insbesondere der Mathematik geeignet.

Leser, die die Relativitätstheorie bereits kennen, finden zahlreiche Anregungen für eine kritische Analyse ihres eigenen Verständnisses. Als Provokation und um das Verständnis der Theorie zu testen, stelle ich hier die folgenden Aussagen auf:

- Der Satz, den wir in zahlreichen Texten finden, „Bewegte Uhren und Uhren in der Nähe großer Massen gehen langsamer", ist Unsinn!
- Uhren können zur Messung von räumlichen Entfernungen verwendet werden, ohne Licht zu verwenden.
- Relative Gleichzeitigkeit kann definiert werden, ohne Lichtsignale zu verwenden.

Die Physiker, die diesen Aussagen nicht zustimmen, werden sicherlich neue Ideen in diesem Buch finden.

Zur Zeit ihrer Entdeckung verursachte die Relativitätstheorie einen großen Schock in der Gesellschaft. Das wahre Erstaunen, das die Menschen empfanden, ist leicht zu verstehen. Jedes menschliche Denken basiert auf den Vorstellungen von Raum und Zeit. Die Worte wo, wann, fern, nah, vorher, nachher usw. sind Teil des Vokabulars jeder menschlichen Sprache. Die Relativitätstheorie erklärte diese Konzepte als relativ und nicht fundamental. Selbst renommierte Physiker waren verblüfft. Der brasilianische Physiker Cesar Lattes[1] äußerte eine gewisse Skepsis gegenüber der Relativitätstheorie. Heute gibt es nur wenige Menschen, die Zweifel an der Gültigkeit der Theorie äußern. Ich glaube, dass die große Mehrheit derjenigen, die nicht an der Relativitätstheorie zweifeln, nicht aus einem tiefen Verständnis heraus von der Gültigkeit der Relativitätstheorie überzeugt ist. Dieses kleine Buch versucht, die objektiven Aspekte der Raum-Zeit-Struktur zu enthüllen, indem es relative Konzepte weitgehend vermeidet, die oft den Eindruck erwecken, dass alles nur faule Tricks sind. Auf diese Weise hoffen wir, zu einem soliden Verständnis der Theorie beitragen zu können.

Die vom Verlag vorgegebenen Copyright-Informationen sind unter Verwendung von Gendersprache geschrieben. Dies entspricht nicht meinem Sprachgebrauch.

[1] Cesare Mansueto Giulio Lattes *1924–†2005. Er entdeckte die Pionen und Myonen und arbeitete über kosmische Strahlung.

Interessenkonflikt Der/die Autor*in hat keine relevanten Interessenskonflikte im Zusammenhang mit dieser Publikation.

Inhaltsverzeichnis

1 Einleitung

Mit der Newtonschen Mechanik, der Elektrodynamik und der Thermodynamik schien die Physik ein konsistentes und vollständiges System zu bilden. Aber schon im 19. Jahrhundert begann sich eine Inkonsistenz in dieser klassischen Physik abzuzeichnen. Die Relativitätstheorie beseitigte diese Inkonsistenz und vervollständigte damit tatsächlich die klassische Physik.

Was war die Inkonsistenz in der klassischen Physik? In der Newtonschen Mechanik sind alle Inertialsysteme gleichwertig. Die linke Seite der fundamentalen Gleichung $m\vec{a} = \vec{F}$ ist invariant unter Galilei-Transformationen:

$$\begin{aligned} x' &= x - u_x t \\ y' &= y - u_y t \\ z' &= z - u_z t \\ t' &= t \;. \end{aligned} \tag{1.1}$$

Die Elektrodynamik ist eine Theorie der Kräfte auf der rechten Seite der Gleichung $m\vec{a} = \vec{F}$, aber die Maxwellschen Gleichungen sind nicht invariant unter den Galilei-Transformationen. Dies sieht man leicht an der Wellengleichung

$$\left(\frac{\partial^2}{\partial x^2} + \frac{\partial^2}{\partial y^2} + \frac{\partial^2}{\partial z^2} - \varepsilon_0\mu_0\frac{\partial^2}{\partial t^2}\right)\vec{E} = 0\,, \tag{1.2}$$

die eine Folge der Maxwellschen Gleichungen ist. Man kann dies direkt zeigen, indem man die Transformation (1.1) in die Gl. (1.2) einsetzt und die Kettenregel verwendet. Aber auch ohne Rechnung ist klar, dass die Gl. (1.2) keine Galilei-Invarianz besitzt, da in ihr eine Konstante

$$c = \sqrt{\frac{1}{\varepsilon_0\mu_0}}$$

mit der Dimension Geschwindigkeit auftritt und die Galilei-Transformationen Geschwindigkeiten ändern. So schien die Elektrodynamik ein privilegiertes Bezugssystem zu haben.

B. Lesche, *Relativitätstheorie*, https://doi.org/10.1007/978-3-662-73561-9_1

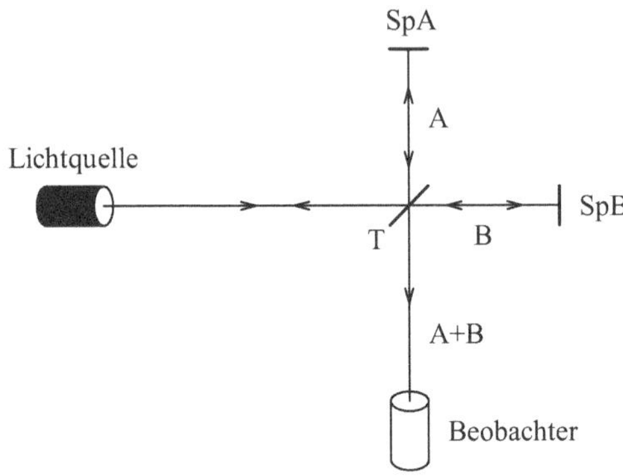

Abb. 1.1 Michelson-Interferometer

Man dachte damals, dass sich elektromagnetische Wellen wie elastische Wellen in einem Medium namens Äther ausbreiten und dass das privilegierte Bezugssystem das Ruhesystem dieses Äthers wäre. In diesem Bezugssystem breite sich das Licht mit der oben genannten Geschwindigkeit c aus. Die Physiker stellten sich vor, dass der Äther den gesamten Raum des Universums sowohl in Vakuumregionen als auch in Regionen mit gewöhnlicher Materie füllt. Es wurde erwartet, dass eine Bewegung der gewöhnlichen Materie in der Lage sein würde, den Äther teilweise in der von der Materie gefüllten Region mitzuziehen. Ein materielles Medium, das sich mit einer Geschwindigkeit $\vec{u}$ in Bezug auf den Äther des interstellaren Raums bewegt, wäre in der Lage, den lokalen Äther mit einer Geschwindigkeit $\vec{u}\alpha$ mitzuziehen, wobei α eine Konstante ist. Im Jahr 1851 versuchte Fizeau[1], diesen Mitnahmefaktor α durch Untersuchung der Lichtausbreitung in fließendem Wasser in Röhren zu messen. Für Wasser fand er $\alpha \approx 0{,}48$. Später, im Jahr 1868, verfeinerte Hoek[2] das Experiment von Fizeau, indem er die Genauigkeit um Größenordnungen erhöhte und kam zu dem Ergebnis $\alpha = 1 - n^{-2}$, wobei n der Brechungsindex des Materials ist.

Die Suche nach dem Bezugssystem des Äthers offenbarte schließlich eine Inkonsistenz in der klassischen Physik, als Michelson[3] und Morley[4] im Jahr 1881 versuchten, die Geschwindigkeit der Erde in Bezug auf den Äther mit einem interferometrischen Experiment zu messen, das keine transparenten Medien verwendete, sondern Licht, das sich im Vakuum (oder in der Luft $n_{\text{Luft}} \approx 1$) ausbreitet.

Abb. 1.1 zeigt das Schema des Michelson-Interferometers. Ein Lichtstrahl, der von der Quelle ausgeht, wird am Punkt T durch einen halbtransparenten Spiegel in

[1] Armand Hippolyte Louis Fizeau *1819–†1896. Französischer Physiker und Astronom. Er begründete die astronomische Fotografie, sagte unabhängig von Doppler den Dopplereffekt voraus, entwickelte Methoden zur Messung der Lichtgeschwindigkeit und der thermischen Dilatation.

[2] Martin Hoek *1834–†1873. Niederländischer Astronom und Experimentalphysiker.

[3] Albert Abraham Michelson *1852–†1931. US-amerikanischer Physiker. Er entwickelte die optische Interferometrie und machte mit dieser Methode erste präzise Messungen der Feinstruktur von Spektrallinien und bestimmte interferometrisch Winkeldurchmesser von Sternen.

[4] Edward Williams Morley *1838–†1923. Sehr vielseitig begabter US-amerikanischer Chemiker. Er bestimmte mit hoher Genauigkeit das molekulare Massenverhältnis von Sauerstoff und Wasserstoff.

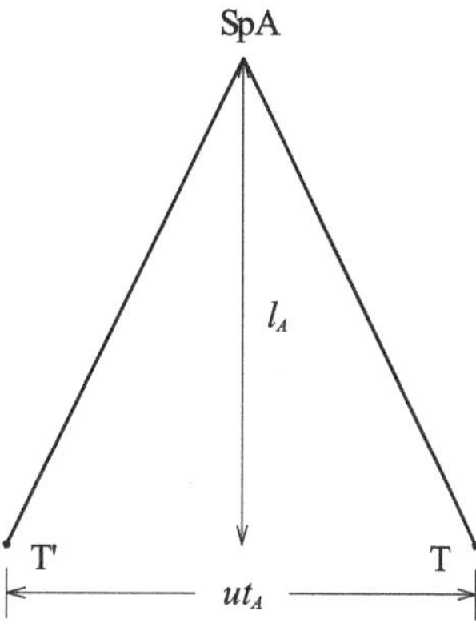

Abb. 1.2 Lichtweg im Bezugssystem des Äthers

zwei Strahlen A und B geteilt. Nach einer Reflexion an den Spiegeln SpA und SpB kehren die Strahlen zum Trennpunkt zurück und interferieren im Strahl A+B wo sich der Beobachter befindet.

Nehmen wir an, dass sich der Äther mit einer Geschwindigkeit u in Richtung T→ SpB bewegt. Die Zeit, die das Licht benötigt, um von T bis SpB zu gelangen (unter der Annahme der Gültigkeit der Galilei-Transformationen), wäre $l_B/(c+u)$, wobei l_B der Abstand zwischen T und SpB ist. Die Zeit, um von SpB nach T zurückzukehren, wäre $l_B/(c-u)$. Daher wäre die Hin- und Rücklaufzeit im Arm B des Interferometers

$$t_B = \frac{l_B}{c}\left(\frac{1}{1+\frac{u}{c}} + \frac{1}{1-\frac{u}{c}}\right) = \frac{l_B}{c}\frac{2}{1-\left(\frac{u}{c}\right)^2}\,. \tag{1.3}$$

Um die Zeit t_A für den Hin- und Rückweg im Arm A zu berechnen, analysieren wir den Lichtweg im Bezugssystem des Äthers. In diesem Bezugssystem bewegt sich das Interferometer mit der Geschwindigkeit u in Richtung T→ Quelle. In der Zeit t_A hat sich der Punkt T um eine Strecke ut_A verschoben. Abb. 1.2 zeigt den Lichtweg im Bezugssystem des Äthers. Das Licht legt in diesem Bezugssystem die Strecke

$$2\sqrt{l_A^2 + (ut_A/2)^2}$$

zurück. Da die Lichtgeschwindigkeit in diesem Bezugssystem c ist, haben wir

$$t_A = \frac{\sqrt{4l_A^2 + (ut_A)^2}}{c}\,. \tag{1.4}$$

Durch Lösen dieser quadratischen Gleichung nach t_A finden wir

$$t_A = \frac{2l_A}{c}\frac{1}{\sqrt{1-\left(\frac{u}{c}\right)^2}}\,. \tag{1.5}$$

Die relative Phase der Strahlen A und B, die im interferometrischen Experiment gemessen wird, hängt mit der Zeitdifferenz $t_B - t_A$ zusammen.

$$t_B - t_A = \frac{2}{c}\left[\frac{l_B}{1-\left(\frac{u}{c}\right)^2} - \frac{l_A}{\sqrt{1-\left(\frac{u}{c}\right)^2}}\right] \tag{1.6}$$

Die Gl. (1.6) zeigt, dass $t_B - t_A$ von u abhängt. Um diese Abhängigkeit von u zu messen, positionierte Michelson das Interferometer in verschiedenen Orientierungen. Das Ergebnis des Experiments war negativ: der zusammengesetzte Strahl A+B zeigte keine Abhängigkeit von der Orientierung des Interferometers. Das Licht verhielt sich im Experiment so, als ob das privilegierte Bezugssystem des Äthers genau das Bezugssystem des experimentellen Geräts wäre. Dies stand im Widerspruch zu den Ergebnissen von Hoek aus der Sicht der Äthertheorie, da die Erde sicherlich eine hohe Geschwindigkeit im Vergleich zum Äther hätte (vergleiche Übung 1.2). Es wurde auch festgestellt, dass das Ergebnis des Experiments nicht davon abhing, ob die Lichtquelle im Labor fest war. Mit einem Stern als Quelle ergab das Michelson-Experiment weiterhin ein negatives Ergebnis.

1905 gelang es Albert Einstein[5], diese Inkonsistenz der klassischen Physik zu beseitigen. Er löste das Problem auf unerwartete Weise, indem er die Konzepte von Raum und Zeit einer Kritik unterzog. Das Ergebnis war eine neue Sicht von Raum und Zeit, die als spezielle Relativitätstheorie bekannt wurde. Diese Theorie verzichtet vollständig auf den Begriff des Äthers. Alle Inertialsysteme bleiben gleichwertig – wie in der Newtonschen Mechanik. Aber trotzdem breitet sich das Licht in allen Inertialsystemen auf die gleiche Weise aus, mit der gleichen Geschwindigkeit in alle Richtungen. Einstein gelang es, diese beiden Prinzipien, die Gleichwertigkeit aller Inertialsysteme und die Invarianz der Lichtgeschwindigkeit, zu vereinen, indem er sowohl Raum als auch Zeit als relative Begriffe betrachtete, die von der Wahl eines Bezugssystems abhängen.

Gerade weil sie so grundlegende Begriffe wie Raum und Zeit nur als relativ betrachtet, fand die Relativitätstheorie viele Gegner unter Laien und sogar unter Physikern der damaligen Zeit. Heute wird die Theorie von der wissenschaftlichen Gemeinschaft akzeptiert und wurde experimentell getestet. Es gibt keine Zweifel mehr an ihrer Gültigkeit.

Man könnte jedoch eine Beschreibung der Natur, in der wir viele Räume und Zeiten berücksichtigen müssen, zumindest als kompliziert oder hässlich ansehen. Aber es war möglich, diese Konzepte von Raum und Zeit vollständig aus der Theorie zu eliminieren. 1908 führte H. Minkowski[6] das Konzept der Raum-Zeit ein, die absolut ist. Die Raum-Zeit hängt nicht von der Wahl eines Bezugssystems ab. Dies war ein wichtiger Schritt, der die Entwicklung der theoretischen Physik sehr geför-

[5] Albert Einstein *1879–†1955. Nicht nur die Relativitätstheorie ist eine seiner bedeutenden Beiträge, sondern auch in der Quantenphysik und statistischen Mechanik stammen grundlegende Ideen und Problemstellungen aus seinem schöperischen Geist.

[6] Hermann Minkowski *1864–†1909. Russisch-deutscher Mathematiker und Physiker. Er arbeitete über quadratische Formen, über Zahlentheorie und Elektrodynamik.

dert hat. Neue Theorien (zum Beispiel von Elementarteilchen) werden immer in der Minkowski-Raum-Zeit formuliert, und die Tatsache, dass diese absolut ist, ist einer der zuverlässigsten Leitfäden für den Physiker, der seine Theorie formulieren will: Er muss die Gesetze immer mit invarianten Objekten (geometrischen Objekten) formulieren, die nicht von der Wahl eines Bezugssystems abhängen. Man könnte sagen, dass die Relativitätstheorie eigentlich den Namen *Theorie der absoluten Raum-Zeit* verdient.

Nachdem er die spezielle Relativitätstheorie entwickelt hatte, arbeitete Einstein an der Formulierung einer Theorie der Gravitationskraft, die mit den Ideen der Relativität vereinbar war. 1916 gelang ihm dies, indem er die Gravitationskräfte vollständig durch die Geometrie der Raum-Zeit ausdrückte. Diese allgemeine Relativitätstheorie hat z. B. Anwendungen im Versuch, die Entwicklung des Universums über lange Zeiträume zu verstehen. Auch benötigt man die allgemeine Relativitätstheorie, um bei der GPS-Positionierung die gewünschte Genauigkeit zu erreichen. Die spezielle Relativitätstheorie hat wichtige Anwendungen in der Laborphysik, zum Beispiel in der Kernphysik und der Physik der Elementarteilchen.

Hier erklären wir die grundlegenden Ideen der speziellen Relativitätstheorie und einige Aspekte der allgemeinen Relativitätstheorie. Wir beginnen mit einem Rückblick auf die Konzepte von Raum und Zeit in der nicht-relativistischen Physik und führen die Raum-Zeit bereits in der nicht-relativistischen Physik ein.

Übungen

Ü.1.1 Berechnen Sie die Zeitdifferenz der Arme des Michelson-Interferometers (Gl. (1.6)) für den Fall $l_A = l_B = l$ und niedriger Geschwindigkeiten, indem Sie den Ausdruck bis zum Term der Ordnung $[u/c]^2$ entwickeln.

Ü.1.2 Nehmen Sie an, dass die Sonne eine konstante Geschwindigkeit relativ zum Äther hat. Die Erde hätte dann Geschwindigkeiten relativ zum Äther, die im Laufe des Jahres variieren. Bestimmen Sie eine untere Grenze für die maximale Geschwindigkeit, die die Erde im Laufe des Jahres hätte.

Ü.1.3 In der vorherigen Übung haben wir gesehen, dass wir Geschwindigkeiten zwischen Äther und Erde von der Größenordnung $3 \cdot 10^4$ m/s erwarten können, das heißt, von der Größenordnung 10^{-4} mal der Lichtgeschwindigkeit. Angenommen, wir verwenden Licht mit einer Wellenlänge von 500 nm, berechnen Sie die Anzahl der Interferenzstreifen, die vorbeigehen, wenn das Interferometer so gedreht wird, dass ein Arm, der zuvor in Richtung des Ätherwindes zeigte, nun in die zuvor senkrechte Richtung zeigt und der andere Arm die Richtung des Äterwindes annimmt. Nehmen Sie an, dass die Arme des Interferometers 50 m lang sind. (Ein so großer Arm kann erreicht werden, indem das Licht viele Male reflektiert und so der Interferometerarm gefaltet wird.)

Ü.1.4 Die experimentelle Tatsache, dass der Mitnahmefaktor mit dem Brechungsindex zusammenhängt, $\alpha = 1 - n^{-2}$, weist auf eine Inkonsistenz der Äther-Idee hin. Verwenden Sie Eigenschaften des Brechungsindex, um die Idee des Äthers zu kritisieren.

2 Rückblick auf Raum und Zeit in der nichtrelativistischen Physik

Im Deutschen sagen wir: „der Raum“. Wir verwenden den bestimmten Artikel im Singular und in anderen Sprachen wird dies auf die gleiche Weise gemacht. Dies zeigt, dass der menschliche Geist gewohnt ist, den physischen Raum als eine einzige und absolute Entität zu betrachten. Aber die Physiker haben schon lange vor der Entdeckung der Relativitätstheorie verstanden, dass ein solches Konzept eines absoluten Raumes nicht relevant für die Beschreibung der Natur ist. Wenn wir zum Beispiel die Bewegung eines Teilchens beschreiben wollen, müssen wir die Orte im Raum angeben, die das Teilchen im Laufe der Zeit durchläuft. Wir benötigen also einen Raumbegriff, der für eine gewisse Zeit gültig bleibt. Raum in einer Weise zu definieren, die für eine gewisse Zeit gültig ist, ist nicht trivial. Dies können wir sehen, wenn wir den folgenden Satz analysieren: „Ich war vor einem Jahr und drei Monaten hier an diesem Ort“. Hat der Sprecher dieses Satzes berücksichtigt, dass sich die Erde in dieser Zeit bewegt hat? – hat er berücksichtigt, dass sich das gesamte Sonnensystem innerhalb der Milchstraße bewegt hat? – hat er berücksichtigt, dass ... ?? Der Satz scheint also keinen Sinn zu machen. Aber wenn der Sprecher diesen Satz auf dem Gipfel des Zuckerhuts in Rio de Janeiro gesagt hat und einfach meinte, dass er vor einem Jahr und drei Monaten auch auf dem Zuckerhut war, hat er eine sinnvolle Aussage gemacht, die eine Beziehung zwischen dem Sprecher und der Erdoberfläche ausdrückt. Raum muss in Bezug auf einen Referenzkörper verstanden werden.

Auf einem Referenzkörper können wir Punkte markieren und die Abstände zwischen den markierten Punkten messen, indem wir Messstäbe an den markierten Punkten anlegen. Es ist wichtig zu beachten, dass die Vorschrift zur Messung von Abständen einen zeitlichen Begriff beinhaltet: Wenn wir überprüfen wollen, dass der Abstand zwischen zwei markierten Punkten A und B 1 m beträgt, müssen wir das Ende A' des 1 m-Stabes am Punkt A und das andere Ende B' gleichzeitig am Punkt B anlegen. Wenn A' nicht gleichzeitig mit dem Kontakt von B' an B an A anliegt, würden wir einen Transport des Messstabes zwischen den Punkten A und B durchführen, anstatt einen Abstand zu messen. Bisher haben wir Gleichzeitigkeit

B. Lesche, *Relativitätstheorie*, https://doi.org/10.1007/978-3-662-73561-9_2

nicht definiert. Wir können jedoch eine vorsichtige[1] Vorschrift für die Abstandsmessung annehmen: Wir legen das Ende A' des Meters am Punkt A an und senden ein Signal vom Punkt A zum Punkt B, wenn das Signal am Punkt B ankommt, muss das Ende B' des Meters in Kontakt mit dem Punkt B sein. Von B senden wir ein Antwortsignal nach A. Während der gesamten Zeit, vom Beginn des Prozesses bis zum Eintreffen des Antwortsignals in A, muss das Ende A' in ständigem Kontakt mit A sein. Auf diese Weise können wir sicher sein, dass B' in Kontakt mit B war, während A' in Kontakt mit A war.

Experimentell stellt man fest, dass es Referenzkörper gibt, für die alle Abstände, die zwischen markierten Punkten gemessen werden, unabhängig von der Zeit sind (innerhalb der experimentellen Unsicherheit). Wir nennen diese Körper *Körper starrer Referenz*[2]. Seien $C1$ und $C2$ zwei Körper starrer Referenz. Wir können beide Körper zusammen als einen neuen Referenzkörper betrachten. Es kann sein, dass die Vereinigung der beiden wieder ein Körper starrer Referenz ist. Dies ist der Fall, wenn $C1$ in Bezug auf $C2$ in Ruhe ist. In diesem Fall sagen wir, dass $C1$ und $C2$ zum selben starren Bezugssystem gehören. Indem wir Abstände zwischen markierten Punkten in Körpern messen, die zu einem starren Bezugssystem gehören, entdecken wir experimentell die Beziehungen der euklidischen Geometrie eines dreidimensionalen Raumes und können diesen Raum dem starren Bezugssystem zuordnen. Der Raum eines Bezugssystems enthält nicht nur Punkte, die auf den Referenzkörpern markiert sind, sondern auch Punkte, die ausgehend von den markierten Punkten durch geometrische Beziehungen definiert sind. Damit kommen wir schließlich zum Begriff des Raumes. Aber jedes starre Bezugssystem hat seinen eigenen zugehörigen Raum, daher gibt es nicht **den** Raum, sondern es gibt Räume. Zum Beispiel entspricht einem markierten Punkt auf einem Ziegelstein, der von einem Gebäude fällt, kein Punkt im Bezugssystem der Erde. Der markierte Punkt auf dem Ziegelstein kann nur einer Kurve (seiner Bahn) im Bezugssystem der Erde zugeordnet werden.

Von den starren Bezugssystemen sind insbesondere die Inertialsysteme von Interesse. Diese können wie folgt definiert werden: Ein punktförmiges Teilchen beschreibt während seiner Bewegung eine Kurve im Bezugssystem, die als Bahn des Teilchens im Bezugssystem bezeichnet wird. Die Kurve kann auch ein einziger Punkt sein, wenn das Teilchen im verwendeten Bezugssystem ruht. Von allen Teilchen erwarten wir von denen, die gut von allen Einflüssen anderer Körper isoliert sind, eine besonders einfache Beschreibung der Bewegung. Diese Teilchen werden als freie Teilchen bezeichnet. Ein Bezugssystem wird als Inertialsystem bezeichnet, wenn die Bahnen aller freien Teilchen Geraden oder Punkte sind. Im Folgenden werden wir immer in Inertialsystemen arbeiten.

Um die Bewegung eines Teilchens entlang seiner Bahn in einem Bezugssystem beschreiben zu können, benötigen wir den Begriff der Zeit. In der Einführungsvor-

[1] Mit Vorsicht – Vorsicht im Sinne von lateinisch Cautela – eine Maßnahme, um Schaden zu vermeiden. Hier wäre der Schaden eine falsche Abstandsmessung.
[2] Die Körper sind nicht notwendigerweise starre Körper. Ein verformbarer Körper kann als Körper starrer Referenz dienen, solange keine Verformungen auftreten.

lesung der Physik lernt man, dass freie Teilchen in einem Inertialsystem entweder in Ruhe sind oder sich gleichförmig bewegen. Aber wir müssen fragen, gleichförmig in Bezug auf was? In Bezug auf die Zeit. Aber was ist die Zeit? Was wir sagen können, ist, dass der Vergleich zwischen zwei freien Teilchen immer Gleichförmigkeit zeigt. Wenn ein freies Teilchen A zum Beispiel 5 m zurücklegt, während ein anderes Teilchen B 1 m zurücklegt, bleibt das Verhältnis der zurückgelegten Strecken dieser beiden Teilchen immer 5:1. Wir können diese Tatsache als Motivation nehmen, um die Zeit durch die Bewegung eines freien Teilchens in einem Inertialsystem zu definieren, das heißt, wir können die Bewegung eines freien Teilchens in einem Inertialsystem als Standarduhr verwenden.

Diese Definition erfordert jedoch eine grundlegende Annahme: Um die Bewegung von zwei Teilchen vergleichen zu können, müssen wir einen Begriff von Gleichzeitigkeit haben. Andernfalls macht es keinen Sinn zu sagen „während Teilchen A 5 m zurückgelegt hat, hat Teilchen B 1 m zurückgelegt". In der nichtrelativistischen Physik wird angenommen, dass es immer möglich ist, objektiv und unabhängig vom Bezugssystem zu entscheiden, ob ein Ereignis e_1 gleichzeitig mit einem Ereignis e_2 ist. Wenn dies wahr ist, können wir sehen, welche Markierung der Standarduhr gleichzeitig mit einem Ereignis e ist und diese Markierung dem Ereignis als seine Zeit zuweisen. Die Zeit wäre dann eine einzige und absolute Entität.

Zusammenfassend können wir sagen: In der nichtrelativistischen Physik ist Raum ein relativer Begriff, der von der Wahl eines Bezugssystems abhängt, und Zeit ist ein absoluter Begriff, der unabhängig von der Wahl eines Bezugssystems ist.

In der relativistischen Physik wird auch die Zeit ein relativer Begriff sein. Es ist jedoch möglich, diese Konzepte von Raum und Zeit durch ein einziges, der Raum-Zeit, zu ersetzen, das absolut ist und nicht von der Wahl eines Bezugssystems abhängt.

Oben haben wir das Wort *Ereignis* verwendet. Physiker nennen ein Ereignis ein Geschehen, das in einem so kleinen räumlichen Bereich stattfindet, dass es als Punkt betrachtet werden kann, und das so kurz dauert, dass es als Moment betrachtet werden kann. Das Konzept des Ereignisses ist etwas Analoges zum Konzept des Punktes in der Geometrie. Wir können ein Ereignis physikalisch realisieren, zum Beispiel durch den Zusammenstoß von zwei punktförmigen Teilchen, die eine kurzreichweitige Wechselwirkung haben. Ähnlich können wir Punkte im Raum eines Bezugssystems markieren, indem wir zwei Reisslinien[3], die sich kreuzen, auf dem Bezugskörper anbringen. Wir können nur eine endliche Anzahl von Punkten markieren, dennoch stellen wir uns aus praktischen Gründen vor, dass es eine unendliche Anzahl von Punkten gibt, das heißt, einen Vorrat. Der Raum ist dieser

[3] Reisslinien sind feine Linien, die mit harten Nadeln oder Messern auf der Oberfläche von Werkstücken zur Lokalisierung von Arbeitsgängen gekratzt werden. Wenn ein Mechaniker z. B. ein Loch mit einer Ständerbohrmaschine in einem Werkstück bohren möchte, so markiert er zunächt die gewünschte Position mit zwei sich kreuzenden Reisslinien, schlägt sodann mit einem Körner einen kleinen Krater am Kreuzungspunkt und bohrt schließlich das gewünschte Loch.

unendliche Vorrat an Punkten. Ebenso können wir uns vorstellen, dass die physisch realisierten Ereignisse aus einem unendlichen Vorrat genommen werden. Dieser Vorrat ist die Raum-Zeit.

Sei e ein Ereignis. Wir wählen ein Inertialsystem I. In I ereignet sich das Ereignis e an einem bestimmten Punkt P_e. Wenn wir kartesische Koordinaten x, y, z im Bezugssystem I wählen, können wir diesen Punkt P_e durch die Koordinaten x_e, y_e, z_e beschreiben. Darüber hinaus markiert die Uhr eine bestimmte Zeit t_e zum Zeitpunkt, wenn das Ereignis e stattfindet. Wir können dann dem Ereignis e vier Koordinaten t_e, x_e, y_e, e_e zuordnen:

$$e \rightarrow \begin{pmatrix} t_e \\ x_e \\ y_e \\ z_e \end{pmatrix} .$$

Daher hat die Raum-Zeit vier Dimensionen. Man braucht keine Angst vor einem vierdimensionalen Raum zu haben. Wir können die Raum-Zeit bequem in einer Zeichnung darstellen, indem wir die gleiche Technik verwenden, die ein 5-jähriges Kind verwendet, wenn es die dreidimensionale Welt auf einem Blatt Papier mit nur zwei Dimensionen zeichnet. Das Kind verwendet ungefähr die folgende Projektion:

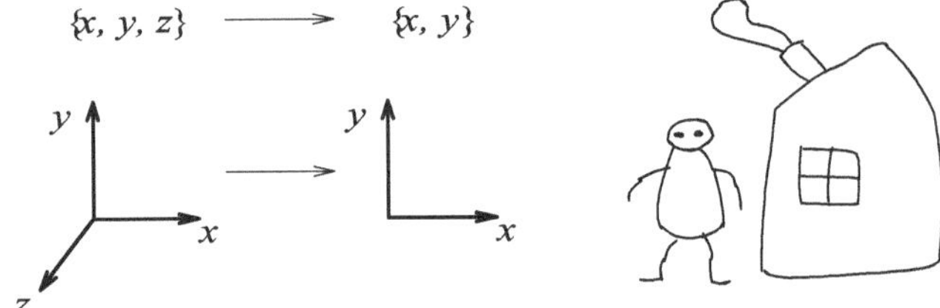

Wir können eine ähnliche Projektion verwenden:

$$\{t, x, y, z\} \longrightarrow \{t, x, y\}$$

Raum-Zeit $\longrightarrow$ (t, y, x)

oder sogar eine radikalere:

$$\{t, x, y, z\} \longrightarrow \{t, x\}$$

Raum-Zeit $\longrightarrow$ (t, x)

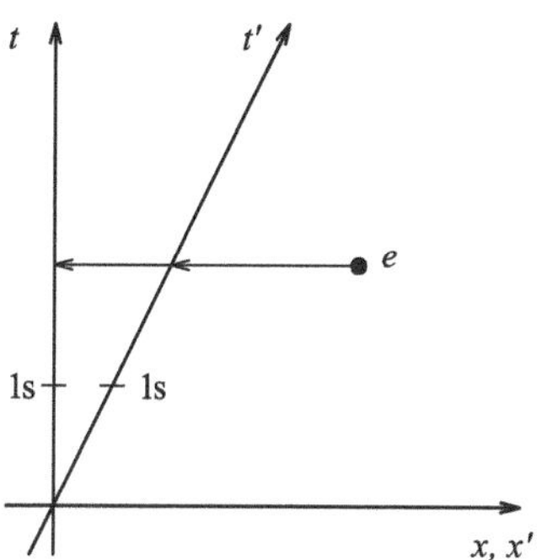

Abb. 2.1 Koordinatenachsen in der Raum-Zeit definiert mit zwei äquivalenten Inertialsystemen, die in der Geometrie des Papiers nicht äquivalent erscheinen

Die größte Schwierigkeit bei der Visualisierung der Raum-Zeit liegt nicht in der Tatsache, dass sie vier Dimensionen hat, sondern in der Tatsache, dass die Raum-Zeit nicht die euklidische Geometrie des Blattes Papier hat, das wir verwenden, um die Raum-Zeit darzustellen. Um dies zu sehen, wählen wir ein anderes Inertialsystem I', das sich in Bezug auf I mit einer Geschwindigkeit u in Richtung x bewegt. Mit I' erstellen wir neue Koordinaten t', x', y', z', die mit denen von I durch die Galilei-Transformation (Gl. (1.1)) in Beziehung stehen. Hier verwenden wir die radikale Projektion, die die Raum-Zeit auf nur zwei Dimensionen reduziert, und benötigen daher nur die Koordinaten t und x:

$$\begin{aligned} x' &= x - ut \\ t' &= t \ . \end{aligned} \tag{2.1}$$

Die neue Zeitachse wird durch die Bedingung $x' = 0$ und die neue Raumachse wird durch die Bedingung $t' = 0$ bestimmt.

Man beachte, dass die Achse t' sich von der Achse t unterscheidet, obwohl $t' = t$, und dass die Achse x die gleiche wie die Achse x' ist, obwohl wir $x' = x - ut \neq x$ haben! Wir erhalten den Wert der zeitlichen Koordinate eines Ereignisses e, indem wir parallel zur räumlichen Achse auf die zeitliche Achse projizieren. Da die Zeit in der nichtrelativistischen Physik absolut ist, führt diese Projektion zum gleichen Wert $t'_e = t_e$, wie wir in Abb. 2.1 sehen können.

Abb. 2.1 zeigt, dass die Geometrie der Raum-Zeit tatsächlich nicht die euklidische Geometrie des Blattes Papier ist: anscheinend ist die Achse t ordentlicher als die Achse t', da die Achse t orthogonal zur Achse x ist und die Achse t' geneigt ist. Aber dieser Schein trügt. Tatsächlich hat das Inertialsystem I keinen Vorrang vor I', da wir den Koordinatenaufbau genauso gut mit I' hätten beginnen können. In der nicht-relativistischen Raum-Zeit ist Orthogonalität zwischen rämlichen und zeitlichen Richtungen nicht einmal definiert! Tatsächlich werden wir in der Relativitätstheorie sehen, dass der Begriff der Orthogonalität für alle Richtungen der Raum-Zeit definiert werden kann, aber diese Orthogonalität wird nicht die sein, die wir aus dem euklidischen Raum kennen.

Es gibt jedoch einen geometrischen Aspekt des Blattes Papier, den wir auch in der Raum-Zeit wiederfinden können: Dem Blatt Papier können wir einen Vektorraum zuordnen. Ein Paar von Punkten (A, B) definiert einen Vektor $\overrightarrow{AB}$, wobei zwei Paare (A, B) und (C, D) den gleichen Vektor definieren, wenn diese Paare sich nur durch eine parallele Verschiebung unterscheiden. Diese Äquivalenz von Paaren $(A, B) \cong (C, D)$, die der Gleichheit der Vektoren $\overrightarrow{AB} = \overrightarrow{CD}$ entspricht, kann mit Hilfe der kartesischen Koordinaten der Punkte A, B, C, D überprüft werden. In der euklidischen Ebene des Papiers gilt

$$\overrightarrow{AB} = \overrightarrow{CD} \Leftrightarrow \left\{ \begin{array}{l} x_B - x_A = x_D - x_C \\ y_B - y_A = y_D - y_C \end{array} \right\}. \tag{2.2}$$

Wir können Vektoren in der Raum-Zeit auf ähnliche Weise definieren. Da die Raum-Zeit vier Dimensionen hat, werden diese Vektoren als Vierervektoren oder 4-Vektoren bezeichnet. Ein 4-Vektor wird durch ein Paar von Ereignissen (e, f) definiert, wobei zwei Paare (e, f) und (g, h) den gleichen 4-Vektor definieren, genau dann wenn die Differenzen der Koordinaten der Ereignisse, die durch ein Inertialsystem definiert sind, für die beiden Paare gleich sind:

$$\overrightarrow{ef} = \overrightarrow{gh} \Leftrightarrow \left\{ \begin{array}{l} t_f - t_e = t_h - t_g \\ x_f - x_e = x_h - x_g \\ y_f - y_e = y_h - y_g \\ z_f - z_e = z_h - z_g \end{array} \right\}. \tag{2.3}$$

Wir müssen überprüfen, ob diese Definition unabhängig von der Wahl des Inertialsystems ist. Die Koordinaten t', x', y', z' eines anderen Inertialsystems I' können durch die Galilei-Transformation der Gl. (1.1) mit den ursprünglichen Koordinaten in Beziehung gesetzt werden. Diese Transformation kann in folgender Matrixform geschrieben werden:

$$\begin{pmatrix} t' \\ x' \\ y' \\ z' \end{pmatrix} = \begin{pmatrix} 1 & 0 & 0 & 0 \\ -u_x & 1 & 0 & 0 \\ -u_y & 0 & 1 & 0 \\ -u_z & 0 & 0 & 1 \end{pmatrix} \begin{pmatrix} t \\ x \\ y \\ z \end{pmatrix}. \tag{2.4}$$

Es ist leicht zu sehen, dass die 4×4 Matrix, die die Koordinaten verknüpft, eine von null verschiedene Determinante hat. Dies impliziert, dass

$$\begin{pmatrix} t'_f - t'_e \\ x'_f - x'_e \\ y'_f - y'_e \\ z'_f - z'_e \end{pmatrix} = \begin{pmatrix} t'_h - t'_g \\ x'_h - x'_g \\ y'_h - y'_g \\ z'_h - z'_g \end{pmatrix} \Leftrightarrow \begin{pmatrix} t_f - t_e \\ x_f - x_e \\ y_f - y_e \\ z_f - z_e \end{pmatrix} = \begin{pmatrix} t_h - t_g \\ x_h - x_g \\ y_h - y_g \\ z_h - z_g \end{pmatrix}. \tag{2.5}$$

Tatsächlich könnten die im Inertialsystem I' konstruierten Koordinaten einen anderen Ursprung haben und könnten in Bezug auf die Achsen xyz gedreht sein. Dies bedeutet, dass wir anstelle der Transformation (2.4) eine Transformation der folgenden Form haben könnten:

$$\begin{pmatrix} t' \\ x' \\ y' \\ z' \end{pmatrix} = \begin{pmatrix} 1 & 0 & 0 & 0 \\ -u_x & R_{xx} & R_{xy} & R_{xz} \\ -u_y & R_{yx} & R_{yy} & R_{yz} \\ -u_z & R_{zx} & R_{zy} & R_{zz} \end{pmatrix} \begin{pmatrix} t \\ x \\ y \\ z \end{pmatrix} + \begin{pmatrix} t_0 \\ x_0 \\ y_0 \\ z_0 \end{pmatrix}, \tag{2.6}$$

wo (R_{ij}) eine Matrix ist, die eine Drehung beschreibt. Die Verschiebung des Ursprungs beeinflusst offensichtlich die Beziehung (2.5) nicht, da nur Koordinatendifferenzen darin eingehen. Die Drehung ändert den Wert der Determinante der Matrix nicht, so dass das Ergebnis auch mit der Transformation (2.6) gültig bleibt. Damit zeigen wir, dass die Definition des 4-Vektors tatsächlich unabhängig von der Wahl des Bezugssystems ist. Ein 4-Vektor ist also ein geometrisches Objekt. Das Argument, das wir verwendet haben, funktioniert nicht nur mit der Transformation der Gl. (2.6). Tatsächlich ist es gültig für jede nicht-singuläre inhomogene lineare Transformation (Determinante nicht null). Nicht-singuläre inhomogene lineare Transformationen können auch wie folgt charakterisiert werden: Sie sind Koordinatentransformationen, die gerade Linien in gerade Linien im Koordinatenraum abbilden.

Wir können ein Inertialsystem I wählen und Koordinaten t, x, y, z mit diesem System konstruieren und können dann einen 4-Vektor durch einen Spaltenvektor darstellen:

$$\overrightarrow{ef} \to \begin{pmatrix} t_f - t_e \\ x_f - x_e \\ y_f - y_e \\ z_f - z_e \end{pmatrix}_I . \tag{2.7}$$

Natürlich hängt die Darstellung vom Bezugssystem und den gewählten Koordinaten ab. Andererseits hängt das geometrische Objekt nicht von dieser Wahl ab. Wir können die Darstellung durch Spaltenvektoren verwenden, um die Summe von Vektoren und das Produkt eines Vektors mit einer Zahl zu definieren, so wie wir es von Vektoren in drei Dimensionen kennen:

$$\begin{pmatrix} a_t \\ a_x \\ a_y \\ a_z \end{pmatrix}_I + \begin{pmatrix} b_t \\ b_x \\ b_y \\ b_z \end{pmatrix}_I = \begin{pmatrix} a_t + b_t \\ a_x + b_x \\ a_y + b_y \\ a_z + b_z \end{pmatrix}_I$$

und

$$\lambda \begin{pmatrix} a_t \\ a_x \\ a_y \\ a_z \end{pmatrix}_I = \begin{pmatrix} \lambda a_t \\ \lambda a_x \\ \lambda a_y \\ \lambda a_z \end{pmatrix}_I . \tag{2.8}$$

Bevor wir endgültig in die Relativitätstheorie einsteigen, wollen wir noch ein weiteres geometrisches Objekt definieren: Stellen wir uns ein punktförmiges Teilchen vor. Um es intuitiver zu machen, nehmen wir an, dass dieses Teilchen ein kleines Tier ist, zum Beispiel eine Maus. Jeder Herzschlag der Maus definiert ein Ereignis in der Raum Zeit. Diese Ereignisse werden eine Reihe von „Punkten“ in der Raum-Zeit bilden, wie die Perlen einer Perlenkette. Stellen wir uns nun vor, dass wir zwischen jedem Schlag (= Kontraktion des Herzens) andere Ereignisse wählen, zum Beispiel den Beginn der Expansionen des Herzens. Wenn wir diese Ereignisse zu den vorherigen hinzufügen, erhalten wir eine dichtere Sequenz von Ereignissen in der Raum-Zeit. Wenn wir so weitermachen und die Intervalle zwischen den Ereignissen mit mehr und mehr Ereignissen füllen, beschreiben wir schließlich eine Linie in der Raum-Zeit, die aus allen Ereignissen besteht, die in der Maus passieren. Diese Linie wird als Weltlinie des Teilchens bezeichnet. Mathematisch wäre die Weltlinie eines Teilchens, dessen Bewegung in einem Inertialsystem I durch die Zeitgesetz $\vec{r}(t)$ gegeben ist, der Graph der Funktion $t \longmapsto \vec{r}(t)$ in der Raum-Zeit. Die Weltlinie eines Teilchens, das am Ursprung der Achsen x, y und z eines Inertialsystems I ruht, wäre die Achse t dieses Systems. Wir können einen Punkt P eines Bezugssystems in der Raum-Zeit durch die Weltlinie eines Teilchens darstellen, das sich in diesem Punkt in Ruhe befindet.

Übungen

Ü.2.1 Betrachten Sie die zweidimensionale Raum-Zeit ($y = 0$, $z = 0$).

a) Zeichnen Sie den 4-Vektor, der durch die Ereignisse $e = (t = 0, x = 0)$ und $f = (t = 3\,\text{s}, x = 3\,\text{cm})$ definiert ist, in einem $x - t$ Diagramm. Stellen Sie 1 cm durch einen 1 cm auf der x-Achse und 1 Sekunde durch 1 cm auf der t-Achse dar.
b) Schreiben Sie den Spaltenvektor, der diesem Vektor im ursprünglichen Bezugssystem, das die Achsen x und t definiert, zugeordnet ist. Schreiben Sie dann den Spaltenvektor, der demselben Vektor in einem Bezugssystem I' zugeordnet ist, das sich in x-Richtung mit einer Geschwindigkeit $u = 2\,\text{cm/s}$ relativ zum ersten bewegt.
c) Zeichnen Sie die Projektionen der Spitze des 4-Vektors parallel zu den Koordinatenachsen, die die Komponenten des Spaltenvektors im neuen Bezugssystem bestimmen.

Ü.2.2 Abb. 2.1 zeigt die Achsen x, t und x', t' der nicht-relativistischen Raum-Zeit. Wie würde Abb. 2.1 aussehen, wenn wir mit den Koordinaten x', t' begonnen hätten und diese als orthogonale Achsen auf dem Blatt Papier verwendet hätten? (Lösung nicht gegeben).

Ü.2.3 Zeichnen Sie die Weltlinien von 1) einer harmonischen Schwingung, 2) einer gleichförmigen Kreisbewegung, 3) einem freien Fall. (Lösung nicht gegeben)

3 Absolute Zeitmessungen

Die spezielle Relativitätstheorie basiert auf den folgenden zwei Prinzipien:

I) Die Gesetze der Physik sind die gleichen für Beobachter in jedem Inertialsystem.
II) Die Lichtgeschwindigkeit im Vakuum hat immer den gleichen Wert c in allen Richtungen und in allen Inertialsystemen.

Auf den ersten Blick scheinen diese beiden Prinzipien widersprüchlich zu sein: Stellen wir uns eine Blitzlampe vor, die im Koordinatenursprung eines bestimmten Inertialsystems I zum Zeitpunkt $t_0 = 0$ aufleuchtet. Zu einem späteren Zeitpunkt $t > 0$ würde der Lichtimpuls die Oberfläche einer Kugel mit dem Radius $r = ct$ um den Koordinatenursprung von I erreichen. Stellen wir uns nun ein zweites Inertialsystem I' vor, das sich relativ zu I bewegt. Zum Zeitpunkt t würden die Punkte auf der Kugel Punkte in I' markieren, die nicht die gleiche Entfernung zum Ursprung von I' zu diesem Zeitpunkt haben. Daher scheint die Ausbreitung des Lichtes in diesen Systemen nicht die gleiche zu sein. Der scheinbare Widerspruch löst sich auf, wenn wir zulassen, dass der Begriff der Gleichzeitigkeit in den beiden Systemen unterschiedliche Bedeutungen haben kann. Die Oberfläche der erwähnten Kugel besteht aus Punkten, an denen das Licht gleichzeitig ankommt. Wenn die Bedeutung von gleichzeitig in den beiden Systemen unterschiedlich ist, müssen wir die Konstruktion der Kugel unabhängig im System I' durchführen und dies kann zu einem äquivalenten Ergebnis führen, das mit dem zweiten Postulat der Relativität übereinstimmt.

Ohne ein universelles Konzept der Gleichzeitigkeit können wir unseren Zeitbegriff, der auf der Bewegung eines freien Teilchens in einem Inertialsystem basiert, nicht aufrechterhalten. Wir können Zeiten nicht einfach von einem System in ein anderes übertragen, ohne das System zu bevorzugen, in dem die Standarduhr gebaut wurde. Wir könnten ein Standard-freies-Teilchen für jedes System wählen. Aber das hätte den Nachteil, dass wir unterschiedliche Zeiteinheiten in unterschiedlichen Systemen hätten, abhängig von den willkürlichen Auswahlen der Standardteilchen. Es wäre dann schwierig, die Ergebnisse eines Systems mit denen eines anderen zu

B. Lesche, *Relativitätstheorie*, https://doi.org/10.1007/978-3-662-73561-9_3

vergleichen. Wir müssen einen Zeitstandard verwenden, der unabhängig in jedem System reproduziert werden kann. Dies ist tatsächlich möglich. An dieser Stelle macht die Relativitätstheorie eine Verbindung zur Quantentheorie. Wir wissen, dass Materie auf mikroskopischer Ebene nicht die kontinuierlichen Eigenschaften hat, die sie auf makroskopischer Ebene zu haben scheint. Materie besteht aus Atomen und wir wissen, dass diese Atome Licht mit sehr bestimmten Frequenzen emittieren. Das Bemerkenswerteste an dieser Tatsache ist, dass die von einem bestimmten Atomtyp in einem bestimmten Übergang zwischen Quantenzuständen emittierten Frequenzen völlig unabhängig von der Geschichte sind, die das Atom durchlaufen hat. Zum Beispiel, wenn wir ein Wasserstoffatom auf eine bestimmte Weise anregen, wird es ein bestimmte Lichtfarbe emittieren, unabhängig davon, ob das Atom durch Herausreißen aus einem Wassermolekül, aus dem Weltraum oder durch eine Reaktion von Elementarteilchen synthetisiert wurde – all diese Atome schwingen mit genau der gleichen Frequenz. Die einzige Vorsicht, die wir walten lassen müssen, ist, dass wir nicht auf die Atome oder ihre Bestandteile mit externen Kräften einwirken. Externe Kräfte verzerren in der Regel die Atomorbitale und können die Frequenz ändern. Dies legt nahe, die Schwingungen eines bestimmten freien[1] Atomtyps als Zeitstandard zu verwenden. Tatsächlich wird die Sekunde auf diese Weise definiert:

Eine Sekunde ist die Dauer von 9.192.631.770 Schwingungen eines Cäsium-133-Atoms, das sich frei von externen Kräften in einem Superpositionszustand[2] der beiden Hyperfeinstrukturzuständen des Grundzustands befindet.

Diese Definition ist absolut und gilt in jedem Bezugssystem. Mit atomaren Uhren können wir den Begriff der **zeitlichen Distanz von Ereignissen** oder den **zeitlichen Abstand von Ereignissen** definieren. Sei e_1 ein Ereignis in der Raum-Zeit und e_2 ein Ereignis, das später als e_1 stattfindet. Wir können eine atomare Uhr an diese Ereignisse „anlegen", ganz analog zu der Art und Weise, wie wir einen Meterstab an zwei markierten Punkten in einem Raum eines Bezugssystems anlegen. Genau wie der Meterstab die markierten Punkte berühren muss, muss die Uhr den Ereignissen e_1 und e_2 beiwohnen. Das bedeutet, dass die Weltlinie der Uhr durch die Ereignisse e_1 und e_2 laufen muss. Darüber hinaus, da das Atom der Uhr frei sein muss (nach der Definition der Sekunde), muss die Weltlinie der Uhr eine Weltlinie eines freien Teilchens sein. Die zeitliche Distanz $\tau(e_1, e_2)$, der Ereignisse e_1 und

[1] Um ein Atom als frei zu bezeichnen, reicht es nicht aus, dass die resultierende externe Kraft null ist. Die Kräfte auf die Bestandteile müssen ebenfalls null sein. Wenn wir ein elektrisches Feld auf ein Atom anwenden, haben wir Kräfte auf die Elektronen und den Kern, die die Frequenzen ändern, auch wenn die resultierende Kraft null ist. Die Änderung der Frequenz in diesem Fall ist als Stark-Effekt bekannt.

[2] Leser, die noch nicht mit der Quantenmechanik vertraut sind, können ohne Sorge weiterlesen. Das technische Detail dieses Superpositionszustandes ist nicht wesentlich für das Verständnis der Geometrie der Raum-Zeit.

e_2 ist der Betrag der Differenz der Markierungen der Atomuhr, wenn sie die Ereignisse e_1 und e_2 passiert. Die zeitliche Distanz von Ereignissen ist eine absolute Größe, die nicht von der Wahl eines Bezugssystems abhängt. Sie ist eine objektive Eigenschaft von Ereignispaaren.

4 Invarianz der Lichtgeschwindigkeit und relative Gleichzeitigkeit

Für die Definition der zeitlichen Distanz müssen wir kein Bezugssystem wählen. Jetzt werden wir absichtlich Fragen im Zusammenhang mit Bezugssystemen untersuchen. Sei I ein Inertialsystem. Um Abstände zwischen Punkten in I zu messen, müssen wir einen Längenstandard verwenden. Es wäre wieder praktisch, einen Standard zu haben, der unabhängig in jedem Bezugssystem reproduziert werden kann. Wieder können wir die diskrete Natur der Materie auf mikroskopischer Ebene nutzen. Wir könnten zum Beispiel als Längenstandard eine Kante eines bestimmten Kristalls verwenden, der eine bestimmte Anzahl von Atomen hat. Wir werden vorerst diese Art von „kristallinem" Längenstandard annehmen. Das internationale System der Standards verwendet diese Art von Definition von Meter nicht, und wir werden später darauf eingehen. Wir werden nun untersuchen, was der physische Inhalt – das heißt der beobachtbare Inhalt – der Aussage der Invarianz der Lichtgeschwindigkeit ist. Seien A und B zwei Punkte, die im Inertialsystem I markiert sind, mit einem Abstand l zwischen ihnen (gemessen mit dem „kristallinen" Standard). Wir stellen eine Atomuhr in Ruhe am Punkt A auf und senden ein kurzes Lichtsignal von Punkt A aus. Am Punkt B stellen wir einen Spiegel auf, der das Licht zurück zum Punkt A reflektiert. Auf der Uhr können wir dann die Zeit messen, die das Licht für den Hin- und Rückweg benötigt. Diese Zeit τ wäre die zeitliche Distanz zwischen dem Ereignis der Lichtimpulsemission und dem Ereignis der Ankunft des reflektierten Pulses. Da die Zeit- und Längenstandards unabhängig in jedem Inertialsystem reproduziert werden können, können wir dieses Experiment in verschiedenen Inertialsystemen und mit verschiedenen Orientierungen der Punktpaare A und B wiederholen. Das Prinzip der Invarianz der Lichtgeschwindigkeit besagt dann, dass der Wert $c = 2l/\tau$ in diesen Experimenten immer gleich ist. Man beachten jedoch, dass der Wert $c = 2l/\tau$ nur die durchschnittliche Geschwindigkeit für Hin- und Rückweg ist. Man könnte denken, dass die Geschwindigkeit auf dem Hinweg (A nach B) anders ist als die Geschwindigkeit auf dem Rückweg (B nach A). Um die Geschwindigkeit nur auf dem Hinweg zu messen, müssten wir auf der Uhr am Punkt A markieren, zu welchem Zeitpunkt der Impuls am Punkt B ankommt. Diese Messung entspricht nicht mehr einer Messung einer zeitlichen Distanz, da die Uhr nicht das Ereignis des Lichtankommens durchläuft. Dieses Experiment er-

B. Lesche, *Relativitätstheorie*, https://doi.org/10.1007/978-3-662-73561-9_4

fordert eine Übertragung eines Zeitwertes vom Punkt B zur Uhr am Punkt A. Wir benötigen daher ein Kriterium für Gleichzeitigkeit. Einstein schlug das folgende Kriterium für Gleichzeitigkeit vor:

Einsteins[1] Gleichzeitigkeit Seien a und b Ereignisse, die, in einem inertialen Bezugssystem I, an den Punkten A und B stattfinden. Sei M der Punkt, der die Strecke (A, B) halbiert. Wir nennen die Ereignisse a und b relativ zum Bezugssystem I gleichzeitig, wenn Lichtimpulse, die bei den Ereignissen a und b ausgesendet werden, sich am Punkt M treffen.

Dieses Kriterium ist genial – die Gleichheit der Lichtgeschwindigkeit auf dem Hin- und Rückweg ist automatisch garantiert! Man beachte jedoch, dass diese Gleichheit der Geschwindigkeiten auf dem Hin- und Rückweg nur eine Konvention ist und nicht experimentell überprüft oder widerlegt werden kann. Jedes Experiment, das diese Gleichheit in Frage stellt, müsste ein Kriterium für Gleichzeitigkeit unabhängig von Einsteins Kriterium verwenden. Dies ist tatsächlich möglich. Wir können ein Kriterium für Gleichzeitigkeit innerhalb eines gegebenen Inertialsystems formulieren, das nur auf dem Konzept der zeitlichen Distanz basiert:

Geometrische Gleichzeitigkeit Seien a und b Ereignisse, die, in einem inertialen Bezugssystem I, an den Punkten A und B stattfinden. Sei M der Punkt, der die Strecke (A, B) halbiert. Wir nennen die Ereignisse a und b relativ zum Bezugssystem I gleichzeitig, wenn es ein Ereignis m gibt, das vor den Ereignissen a und b am Punkt M stattfindet, so dass die zeitlichen Distanzen $\tau(m, a)$ und $\tau(m, b)$ gleich sind.

Wir können auch ein Ereignis m verwenden, das nach a und b stattfindet, aber m darf nicht nach a und vor b oder umgekehrt stattfinden. In diesem Kriterium wird Licht überhaupt nicht verwendet. In Bezug auf die geometrische Gleichzeitigkeit können wir dann experimentell testen, ob die Lichtgeschwindigkeit von der Ausbreitungsrichtung abhängt. Um zu testen, ob die Ereignisse a und b relativ zu I gleichzeitig sind, müssen wir zwei Atomuhren vom Punkt M zu den Punkten A und B schicken. Die Uhren müssen von M beim Ereignis m starten und mit gleichen Markierungen an den Punkten A und B ankommen, genau rechtzeitig, um den Ereignissen a und b beizuwohnen (siehe Definition der zeitlichen Distanz).

Wir können den physikalischen Inhalt des zweiten Postulats wie folgt zusammenfassen: a) die durchschnittliche Lichtgeschwindigkeit $c = 2l/\tau$ ist in allen Inertialsystemen gleich und b) das Einstein'sche Simultanitätskriterium wählt die gleichen Paare von Ereignissen aus wie das geometrische Simultanitätskriterium.

Sowohl das Einstein'sche als auch das geometrische Kriterium definieren eine Simultanität in Bezug auf ein Bezugssystem. Betrachten wir ein Beispiel: Man stelle sich einen Zug vor, der mit hoher Geschwindigkeit fährt. Zwei Blitze schlagen in dem Zug ein, einer vorne am Zug und der andere am hinteren Ende. Wenn die Lichtpulse, die von den Blitzen ausgesendet werden, sich in der Mitte des Intervalls

[1] Diese Definition wurde auch von Poincaré vorgeschlagen.

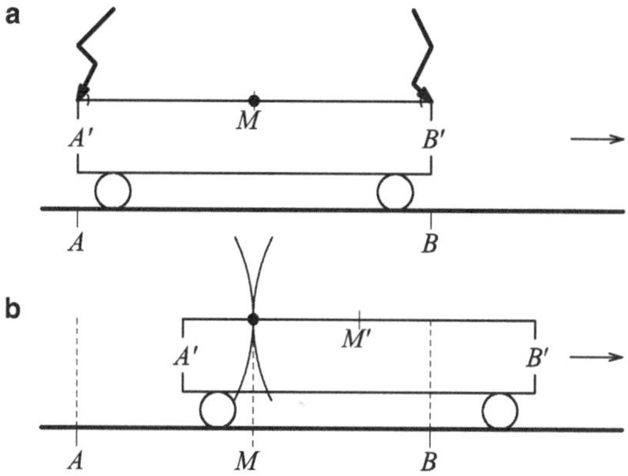

Abb. 4.1 **a** Super-schneller Zug ($v = 0{,}6c$) und Schienen mit zwei gleichzeitig einschlagenden Blitzen relativ zum Bezugssystem der Schienen. **b** Treffen der Wellenfronten am Punkt M

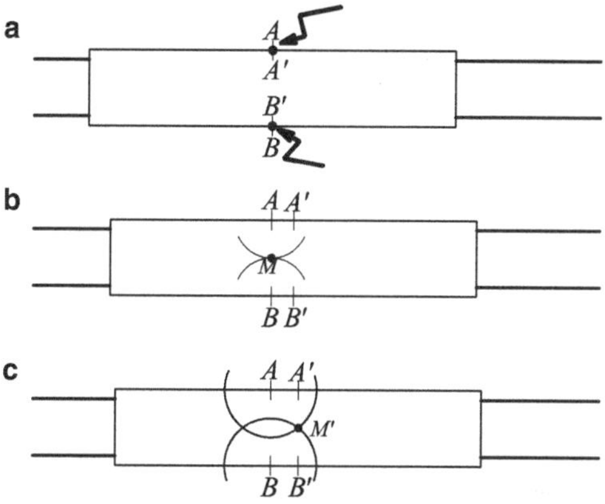

Abb. 4.2 **a** Zug und Schienen von oben gesehen. Zwei Blitze schlagen an den Punkten A und B ein. **b** Wellenfronten, die sich in dem mittleren Punkt M zwischen A und B treffen. **c** Die selben Wellenfronten treffen sich später auch im mittleren Punkt M' zwischen A' und B'

(A, B) der Positionen A und B der auf den Schienen markierten Blitze treffen, sollte ein Beobachter im Bezugssystem der Schienen die von den Blitzen erzeugten Ereignisse als gleichzeitig beurteilen. Seien A' und B' die Punkte, an denen die Blitze im Bezugssystem des Zuges einschlagen. Offensichtlich findet der Ort des Ereignisses des Zusammentreffens der beiden Lichtpulse im Bezugssystem des Zuges an einem Punkt statt, der das Intervall (A', B') nicht halbiert. Daher würden die Ereignisse im Bezugssystem des Zuges nicht als gleichzeitig beurteilt (siehe Abb. 4.1). Die Situation wäre anders, wenn die beiden Blitze nicht vorne und hinten, sondern nebeneinander, d. h. durch einen Vektor senkrecht zur Geschwindigkeit getrennt, eingeschlagen hätten. In diesem Fall würden beide Bezugssysteme die Gleichzeitigkeit auf die gleiche Weise beurteilen (siehe Abb. 4.2). Das Gleiche gilt für die geometrische Gleichzeitigkeit.

In den Abb. 4.1 und 4.2 haben wir Punkte des Bezugssystems der Schienen zusammen mit Punkten des Bezugssystems des Zuges gezeichnet. Aber zuvor sagten wir, dass einem Punkt in einem Bezugssystem kein Punkt in einem anderen Bezugssystem entspricht. Das ist wahr. Aber ein Ereignis e kann Punkte in verschiedenen Bezugssystemen in Beziehung setzen: Im Bezugssystem I tritt das Ereignis e an einem Punkt P_e des Raumes von I auf und dieses Ereignis tritt an einem Punkt P'_e des Raumes eines anderen Bezugssystems I' auf. Auf diese Weise stellt e eine Beziehung zwischen einem Punkt im Raum von I und einem Punkt im Raum von I' her. Wenn wir eine Sammlung von Ereignissen auswählen, zum Beispiel nach dem Kriterium, dass alle im Bezugssystem I gleichzeitig sind, können wir den Raum eines Bezugssystems auf den Raum eines anderen Bezugssystems abbilden. Auf diese Weise können wir sie in einer Zeichnung darstellen. Die Abb. 4.1 und 4.2 benutzen im Bezugssystem der Schienen gleichzeitige Ereignisse für diesen Zweck. Die Abb. 4.1a verwendet die Korrespondenz zwischen den Räumen der Bezugssysteme, die durch Ereignisse erzeugt wird, die gleichzeitig mit den Blitzeinschlägen sind. Die Abb. 4.1b verwendet Ereignisse, die gleichzeitig (im Bezugssystem der Schienen) mit dem Ereignis des Zusammentreffens der Lichtpulse sind. In der alltäglichen Sprache sagen wir einfach: Die Abb. 4.1a und b zeigen die Situation des Zuges und der Schienen zu zwei verschiedenen Zeitpunkten. Die Abb. 4.2a–c zeigen drei Zeitpunkte, alle definiert im Inertialsystem der Schienen. Wie wir später noch erörtern, ist dieser umgangssprachliche Gebrauch des Wortes Zeitpunkt problematisch.

Übungen

Ü.4.1 Einstein'sche Gleichzeitigkeit. a) Zeichnen Sie die Achsen x, t eines Bezugssystems I, wobei Sie den räumlichen Abstand von 1 cm durch 1 cm auf der x-Achse und die Zeit $\delta t = (29.979.245.800)^{-1}$ s durch 1 cm auf der t-Achse darstellen. b) Zeichnen Sie auf demselben Diagramm die Weltlinien von drei Punkten A', B' und M' eines Bezugssystems I', das sich mit der Geschwindigkeit $c/2$ in x-Richtung relativ zum Bezugssystem I bewegt. Nehmen Sie an, dass der Punkt M' die Strecke (A', B') halbiert. Wählen Sie ein Ereignis a auf der Weltlinie von A' und konstruieren Sie ein Ereignis b auf der Weltlinie von B', so dass b gleichzeitig mit a relativ zum Bezugssystem I' ist, nach dem Einstein'schen Kriterium. Verwenden Sie direkt das Einstein'sche Kriterium, indem Sie die Weltlinien der Lichtpulse zeichnen, und verwenden Sie nicht die Formeln der Lorentz-Transformation.

Ü.4.2 Das geometrische Gleichzeitigkeitskriterium ist logisch unabhängig vom Einstein'schen Kriterium, aber es wählt letztendlich die gleichen Paare von Ereignissen aus, da die Hin- und Rückgeschwindigkeiten des Lichts tatsächlich gleich sind. Daher sind die Ereignisse a und b, die in Übung Ü.4.1 konstruiert wurden, auch relativ zu I' gleichzeitig, nach dem geometrischen Kriterium. Daher ist es möglich, ein Ereignis m auf der Weltlinie von M' zu finden, so dass $\tau(m, a) = \tau(m, b)$. Wählen Sie ein solches Ereignis m. Achten Sie darauf, m so zu wählen, dass tatsächlich Uhren existieren, die die Reise $m \to a$ und $m \to b$ machen können!

5 Koordinaten in der Raum-Zeit

Um Koordinaten in der Raum-Zeit zu bilden, können wir beliebig vier physikalisch definierte, numerische Funktionen verwenden, die geeignet sind, Ereignisse zu unterscheiden. Aber bestimmte Koordinatensysteme werden nützlicher sein als andere. Wir kennen diese Situation aus der euklidischen Geometrie, wo wir lieber mit einem kartesischen System arbeiten, das sich besonders gut an die Geometrie des euklidischen Raums anpasst. Auf die gleiche Weise werden wir versuchen, Koordinaten in der Raum-Zeit zu konstruieren, die sich besonders gut an dessen Geometrie anpassen. Dies kann durch die Wahl eines Inertialsystems I erreicht werden. In I treten Ereignisse e an Punkten P_e auf. Wir können im Raum von I kartesische Koordinaten x, y, z wählen und einem Ereignis e die Koordinaten x_e, y_e und z_e des Punktes P_e zuweisen. Es bleibt eine vierte Koordinate zu konstruieren. Die vierte Koordinate wird eine Zeitkoordinate sein. Wir können eine Atomuhr fest an einem Punkt des Bezugssystems anbringen. Die Koordinate t_e des Ereignisses e wird die Uhrzeit sein, die gleichzeitig mit dem Ereignis e ist. In dieser Konstruktion verwenden wir die geometrische Gleichzeitigkeit in Bezug auf das Bezugssystem I. Dies schließt die Konstruktion der Koordinaten ab. Das Bezugssystem I bestimmt die Koordinaten. Nur die Wahl des Ursprungs von t, x, y, z und die Ausrichtung der Achsen x, y, z sind willkürlich. Um zu sehen, dass diese Koordinaten tatsächlich besonders gut geeignet sind, um die Geometrie der Raum-Zeit zu beschreiben, werden wir nun die zeitliche Distanz $\tau(e_1, e_2)$ zwischen zwei Ereignissen e_1 und e_2 als Funktion der Koordinaten dieser Ereignisse ausdrücken.

Eine zweite Frage, die wir gleichzeitig beantworten werden, ist, wie sich die Koordinaten t, x, y, z bei einem Wechsel des Bezugssystems transformieren. Der Schlüssel zu diesen beiden Aufgaben ist das Prinzip der Invarianz der Lichtgeschwindigkeit. Es ist sinnvoll, dieses Prinzip mit Hilfe der Koordinaten zu formulieren. Für zwei Ereignisse e_1 und e_2 können wir die folgende quadratische Größe definieren:

$$Q(e_1, e_2) = c^2(t_1 - t_2)^2 - (x_1 - x_2)^2 - (y_1 - y_2)^2 - (z_1 - z_2)^2 \tag{5.1}$$

B. Lesche, *Relativitätstheorie*, https://doi.org/10.1007/978-3-662-73561-9_5

und für ein anderes Inertialsystem I' mit den Koordinaten t', x', y', z' analog

$$Q'(e_1, e_2) = c^2(t_1' - t_2')^2 - (x_1' - x_2')^2 - (y_1' - y_2')^2 - (z_1' - z_2')^2 . \tag{5.2}$$

$Q(e_1, e_2)$ wird genau null für Ereignisse e_1 und e_2 sein, die durch ein Lichtsignal verbunden werden können. Oder anders ausgedrückt, $Q(e_1, e_2) = 0$ genau dann, wenn ein Lichtimpuls, der beim Ereignis e_1 ausgesendet wird, genau das Ereignis e_2 beleuchtet[1] (oder umgekehrt, je nachdem, welches der Ereignisse das erste ist). Die Invarianz der Lichtgeschwindigkeit bedeutet, dass dieses Kriterium auch mit Q' formuliert werden kann. Dann gilt die folgende Äquivalenz:

$$Q(e_1, e_2) = 0 \Leftrightarrow Q'(e_1, e_2) = 0 . \tag{5.3}$$

Dies ist eine erste Anforderung für die Koordinatentransformation.

Man stelle sich vor, das Bezugssystem I' bewegt sich mit einer Geschwindigkeit $\vec{u}$ in Bezug auf I. Wir können die Ausrichtung der Achsen so wählen, dass $\vec{u}$ in Richtung der x-Achse zeigt, d. h.[2] $\vec{u} = u\vec{e}_x$, und dass die Achsen y, z und y', z' zu jedem Zeitpunkt parallel sind. Darüber hinaus können wir das gleiche Ursprungsereignis e_0 für beide Bezugssysteme wählen; $e_0 \to t_0 = x_0 = y_0 = z_0 = 0 = t_0' = x_0' = y_0' = z_0'$. Für Ereignisse e_1 und e_2, die an den Punkten P_1 und P_2 in der y, z-Ebene des Bezugssystems I auftreten, spielt es keine Rolle, ob wir ihre Gleichzeitigkeit in I oder in I' beurteilen; sie haben die Konfiguration von zwei Blitzen, die nebeneinander auf den Zug treffen (Abb. 4.2). Die Enden eines in der y-z-Ebene von I ruhenden Meterstabes durchqueren die y'-z'-Ebene von I' gleichzeitig in Bezug auf I und I'. Daher kann dieser Meterstab auch zur Messung von Abständen zwischen Punkten in der y'-z'-Ebene von I' verwendet werden. Die Messung der Koordinaten y_e und z_e eines Ereignisses e mit Meterstäben in der y-z-Ebene in I sollte dann die gleichen Werte ergeben wie die Messung der Koordinaten y_e' und z_e' in I'. Die Gleichungen $y = y'$ und $z = z'$ sind eine zweite Bedingung für die Koordinatentransformation.

Wir werden die Aufgabe der Koordinatentransformation später weiter behandeln und uns nun auf die Aufgabe konzentrieren, die zeitliche Distanz zwischen zwei Ereignissen e_1 und e_2 mit Hilfe der Koordinaten dieser Ereignisse auszudrücken. Um es uns leichter zu machen, können wir den Koordinatenursprung im Ereignis e_1 wählen und die Achsen so ausrichten, dass e_2 auf der Achse x stattfindet, d. h. $y_2 = z_2 = 0$. Die Koordinaten der Ereignisse sind dann

$$e_1 \to \begin{pmatrix} 0 \\ 0 \\ 0 \\ 0 \end{pmatrix}, \quad e_2 \to \begin{pmatrix} t_2 \\ x_2 \\ 0 \\ 0 \end{pmatrix} .$$

[1] Man stelle sich vor, e_1 sei die Explosion eines Sterns, der 100 Lichtjahre entfernt ist, und e_2 sei ein krimineller Akt, der für eine finstere Nacht geplant war. Die Verbrecher hatten Pech: $Q(e_1, e_2) = 0$ und die Untat wurde offenkundig.

[2] Wir schreiben die Einheitsvektoren in den Richtungen der Koordinatenachsen als $\vec{e}_x$, $\vec{e}_y$, $\vec{e}_z$.

Um die zeitliche Distanz zwischen e_1 und e_2 zu messen, benötigen wir eine Atomuhr U, die sowohl e_1 als auch e_2 passiert. Nehmen wir an, ohne die Allgemeingültigkeit einzuschränken, dass $t_2 > 0$. Dann wäre die Uhr U bei $x = y = z = 0$ zum Zeitpunkt $t = 0$ und würde mit einer Geschwindigkeit $u = x_2/t_2$ zum Punkt $\{x_2, 0, 0\}$ reisen, um dem Ereignis e_2 beizuwohnen. Um das, was wir über Koordinatentransformationen bei einem Wechsel des Bezugssystems gelernt haben, nutzen zu können, führen wir nun das Inertialsystem ein, in dem die Uhr U ruht. In diesem System, I', wählen wir den Ursprung ebenfalls im Ereignis e_1 und die Achsen x', y', z' parallel zu den Achsen x, y, z. Da U in I' ruht, zeigt sie die Werte der Koordinate t'. Die Koordinaten von e_1 und e_2 in I' wären dann

$$e_1 \to \begin{pmatrix} 0 \\ 0 \\ 0 \\ 0 \end{pmatrix}', \quad e_2 \to \begin{pmatrix} t_2' = \tau(e_1, e_2) \\ 0 \\ 0 \\ 0 \end{pmatrix}'.$$

Nun können wir ein drittes Ereignis e_3 wählen, das gleichzeitig mit e_2 in Bezug auf das Bezugssystem I stattfindet und die gleiche x-Koordinate wie das Ereignis e_2 hat

$$e_3 \to \begin{pmatrix} t_2 \\ x_2 \\ y_3 \\ 0 \end{pmatrix},$$

so dass ein Lichtpuls, der bei e_1 ausgesendet wird, e_3 erreicht (vergleiche Abb. 5.1 und 5.2). Dies ist möglich, solange $u = \frac{x_2}{t_2} < c$. Die Menge der Ereignisse, die ein bei e_1 ausgesendeter Lichtpuls erreicht, nennt man Lichtkegel des Ereignisses e_1. Also e_3 liegt auf dem Lichtkegel des Ereignisses e_1.

Dann gilt $Q(e_1, e_3) = 0$. Mit dem Prinzip der Invarianz der Lichtgeschwindigkeit wissen wir, dass auch $Q'(e_1, e_3) = 0$ gilt. Das Ereignis e_3 ist gleichzeitig mit e_2 auch in Bezug auf das Bezugssystem I', da $x_3 = x_2$ (Situation in Abb. 4.2). Dann gilt

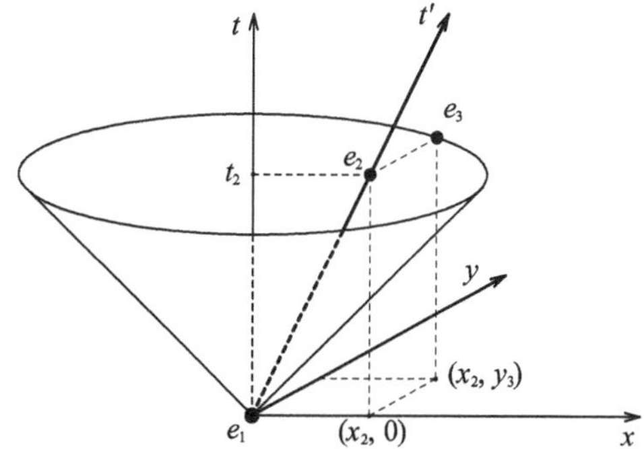

Abb. 5.1 Die Ereignisse e_1, e_2 und e_3 in der Raum-Zeit zusammen mit der Weltlinie der Uhr, die die zeitliche Distanz zwischen e_1 und e_2 misst. Die kegelförmige Oberfläche repräsentiert die Ereignisse, die von einem bei e_1 ausgesendeten Lichtimpuls beleuchtet würden

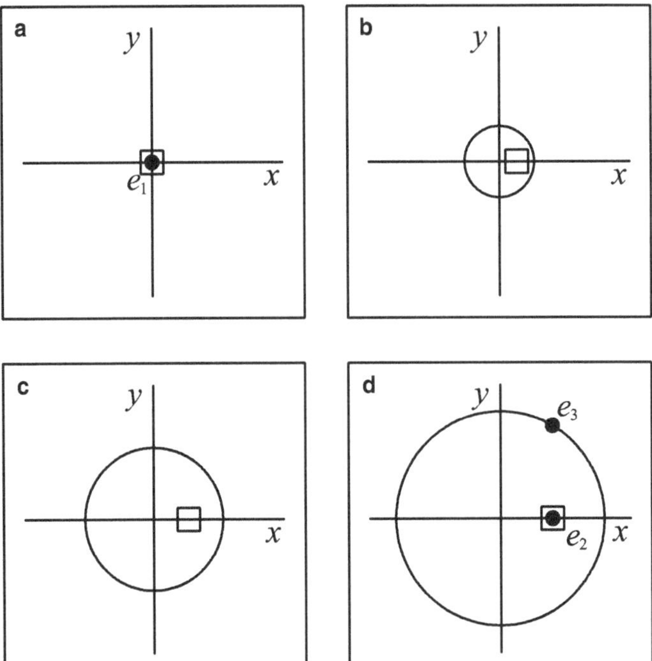

Abb. 5.2 Einzelbilder einer Filmaufnahme der Ereignisse in Abb. 5.1. Die Ereignisse sind durch schwarze Scheiben dargestellt, die Uhr durch ein Quadrat. Einzelbild **a** zeigt die Uhr beim Ereignis e_1. Die Einzelbilder **b–d** zeigen eine Lichtwellenfront, die beim Ereignis e_1 ausgesendet wurde

$t'_3 = t'_2 = \tau(e_1, e_2)$. Wir haben dann

$$c^2 t_2^2 - x_2^2 - y_3^2 = 0$$

und

$$c^2 \tau^2 - y_3'^2 = 0\,. \tag{5.4}$$

Wir können diese Gleichungen kombinieren und erhalten

$$c^2 t_2^2 - x_2^2 - y_3^2 = c^2 \tau^2 - y_3'^2\,. \tag{5.5}$$

Aber wir haben auch gelernt, dass $y = y'$ und können folgern

$$c^2 t_2^2 - x_2^2 = c^2 \tau^2\,. \tag{5.6}$$

Dann erhalten wir das gewünschte Ergebnis

$$\tau(e_1, e_2) = \frac{1}{c}\sqrt{c^2 t_2^2 - x_2^2}\quad. \tag{5.7}$$

Dieses Ergebnis wurde abgeleitet, indem e_1 als Ursprung der Koordinaten gewählt wurde und das Ereignis e_2 an einem Punkt auf der x-Achse stattfand. Es ist leicht zu erraten, wie das Ergebnis mit einer anderen Ausrichtung der Achsen x, y, z und einem anderen Ursprung aussehen würde. Anstelle der Gl. (5.7) hätten wir

$$\tau(e_1,e_2) = \frac{1}{c}\sqrt{c^2(t_2-t_1)^2-(x_2-x_1)^2-(y_2-y_1)^2-(z_2-z_1)^2}\,. \tag{5.8}$$

Wir können dies auch mit der quadratischen Größe Q schreiben:

$$\tau(e_1,e_2) = \frac{1}{c}\sqrt{Q(e_1,e_2)}\,. \tag{5.9}$$

Dieses Ergebnis ist aus zwei Gründen wichtig: 1) Die zeitliche Distanz ist der Schlüssel zur Bestimmung der Geometrie der Raum-Zeit. Mit Gl. (5.8) oder (5.9) können wir diese wichtigen Werte berechnen. 2) Die zeitliche Distanz ist eine absolute Größe, unabhängig von der Wahl eines Bezugssystems. Aber die Koordinaten, die auf der rechten Seite der Gl. (5.8) erscheinen, hängen von dieser Wahl ab. Wir können daher schließen, dass sich bei einer Änderung des Bezugssystems die Koordinaten so ändern müssen, dass sich der Wert

$$Q(e_1,e_2) = c^2(t_2-t_1)^2-(x_2-x_1)^2-(y_2-y_1)^2-(z_2-z_1)^2$$

nicht ändert. Wir kommen daher zu dem Schluss, dass nicht nur die Äquivalenz (5.3) gilt, sondern die stärkere Bedingung

$$Q(e_1,e_2) = Q'(e_1,e_2)\,. \tag{5.10}$$

Mit dieser Gleichung können wir schließlich die Aufgabe vollenden, die Koordinatentransformation zu bestimmen, die eine Änderung des Bezugssystems begleitet. Seien I und I' Bezugssysteme und t, x, y, z und t', x', y', z' die entsprechenden Koordinaten. Die Weltlinie eines freien Teilchens, gesehen in den Räumen $\mathbb{R}^4$ der Koordinaten t, x, y, z oder t', x', y', z', ist eine Gerade. Daher muss die Transformation $\{t,x,y,z\} \to \{t',x',y',z'\}$ Geraden auf Geraden abbilden und wir schließen, dass es sich um eine inhomogene lineare Transformation handeln muss:

$$\begin{pmatrix} t' \\ x' \\ y' \\ z' \end{pmatrix} = \begin{pmatrix} \tilde{M}_{tt} & \tilde{M}_{tx} & \tilde{M}_{ty} & \tilde{M}_{tz} \\ \tilde{M}_{xt} & \tilde{M}_{xx} & \tilde{M}_{xy} & \tilde{M}_{xz} \\ \tilde{M}_{yt} & \tilde{M}_{yx} & \tilde{M}_{yy} & \tilde{M}_{yz} \\ \tilde{M}_{zt} & \tilde{M}_{zx} & \tilde{M}_{zy} & \tilde{M}_{zz} \end{pmatrix} \begin{pmatrix} t \\ x \\ y \\ z \end{pmatrix} + \begin{pmatrix} t_0 \\ x_0 \\ y_0 \\ z_0 \end{pmatrix}. \tag{5.11}$$

Wir können wieder die Ursprünge zusammenfallen lassen, so dass der inhomogene Term verschwindet, und wir können die Achsen x, y, z parallel zu den Achsen x', y', z' und die Achse x in Richtung der relativen Geschwindigkeit $\vec{u} = u\vec{e}_x$ wählen. Dann wissen wir, dass $y = y'$ und $z = z'$ und die Gl. (5.11) nimmt die folgende

Form an:

$$\begin{pmatrix} t' \\ x' \\ y' \\ z' \end{pmatrix} = \begin{pmatrix} \tilde{M}_{tt} & \tilde{M}_{tx} & \tilde{M}_{ty} & \tilde{M}_{tz} \\ \tilde{M}_{xt} & \tilde{M}_{xx} & \tilde{M}_{xy} & \tilde{M}_{xz} \\ 0 & 0 & 1 & 0 \\ 0 & 0 & 0 & 1 \end{pmatrix} \begin{pmatrix} t \\ x \\ y \\ z \end{pmatrix} . \tag{5.12}$$

Das Ergebnis wird viel symmetrischer und leichter zu merken sein, wenn wir anstelle der Koordinate t die Koordinate $x_0 = ct$ verwenden. Entsprechend schreiben wir die anderen Koordinaten in der Form $x_1 = x$, $x_2 = y$, $x_3 = z$. Die Transformation (5.12) nimmt dann die folgende Form an:

$$\begin{pmatrix} x'_0 \\ x'_1 \\ x'_2 \\ x'_3 \end{pmatrix} = \begin{pmatrix} M_{00} & M_{01} & M_{02} & M_{03} \\ M_{10} & M_{11} & M_{12} & M_{13} \\ 0 & 0 & 1 & 0 \\ 0 & 0 & 0 & 1 \end{pmatrix} \begin{pmatrix} x_0 \\ x_1 \\ x_2 \\ x_3 \end{pmatrix} . \tag{5.13}$$

Ein fester Punkt in I' bewegt sich in I mit Geschwindigkeit $\vec{u} = u\vec{e}_x$. Folglich muss die Gleichung $x' = 0$ äquivalent zur Gleichung $x - ut = 0$ oder $x_1 - \frac{u}{c}x_0 = 0$ sein. Wir schließen daher, dass

$$x'_1 = (x_1 - \beta x_0)\gamma , \tag{5.14}$$

wo γ eine Konstante ist und wir kürzen $\beta = u/c$ ab. Da die Gleichzeitigkeit von Ereignissen in der gleichen y-z-Ebene in beiden Referenzen gleich beurteilt wird, schließen wir, dass $M_{02} = M_{03} = 0$. Auch die Transformation der x-Koordinate sollte nicht von den y und z-Koordinaten abhängen. Daher erwarten wir, dass $M_{13} = M_{12} = 0$ ist.

$$\begin{pmatrix} x'_0 \\ x'_1 \\ x'_2 \\ x'_3 \end{pmatrix} = \begin{pmatrix} M_{00} & M_{01} & 0 & 0 \\ -\beta\gamma & \gamma & 0 & 0 \\ 0 & 0 & 1 & 0 \\ 0 & 0 & 0 & 1 \end{pmatrix} \begin{pmatrix} x_0 \\ x_1 \\ x_2 \\ x_3 \end{pmatrix} \tag{5.15}$$

Es bleibt, die drei Unbekannten γ, M_{00} und M_{01} zu bestimmen. Diese Aufgabe kann gelöst werden, indem man verwendet, dass Gl. (5.10) für jedes Paar von Ereignissen gelten muss. Wenn wir e_1 als Ursprung und e_2 mit den Koordinaten $(x_0, x_1, 0, 0)$ wählen, erhalten wir aus Gl. (5.10) die Bedingung $x_0^2 - x_1^2 = (M_{00}x_0 + M_{01}x_1)^2 - (-\beta\gamma x_0 + \gamma x_1)^2$. Da die Variablen x_0 und x_1 unabhängig sind (das Ereignis e_2 ist beliebig), können wir die Koeffizienten der Terme proportional zu x_0^2, x_1^2 und $x_0 x_1$ separat vergleichen und erhalten drei Gleichungen für die drei Unbekannten. Wir werden die Algebra dieser Aufgabe hier nicht ausführen und geben nur das Ergebnis. In der Übungsliste haben wir die Aufgabe, das Ergebnis zu überprüfen:

$$\begin{pmatrix} x'_0 \\ x'_1 \\ x'_2 \\ x'_3 \end{pmatrix} = \begin{pmatrix} \gamma & -\beta\gamma & 0 & 0 \\ -\beta\gamma & \gamma & 0 & 0 \\ 0 & 0 & 1 & 0 \\ 0 & 0 & 0 & 1 \end{pmatrix} \begin{pmatrix} x_0 \\ x_1 \\ x_2 \\ x_3 \end{pmatrix} \tag{5.16}$$

mit $\gamma = \frac{1}{\sqrt{1-\beta^2}}$ und $\beta = \frac{u}{c}$.

In Bezug auf die Koordinaten t, x, y, z, und ohne Abkürzungen, hat diese Transformation die Form:

$$t' = \frac{t - \frac{ux}{c^2}}{\sqrt{1 - \left(\frac{u}{c}\right)^2}}\,, \tag{5.17}$$

$$x' = \frac{x - ut}{\sqrt{1 - \left(\frac{u}{c}\right)^2}}\,, \tag{5.18}$$

$$y' = y, z' = z\,. \tag{5.19}$$

Dies ist die berühmte Lorentz-Transformation, die dann die Galilei-Transformation ersetzt. Da sich diese Transformation auf den Spezialfall einer relativen Geschwindigkeit in x-Richtung und parallelen Achsen bezieht, wird die Transformation auch als spezielle Lorentz-Transformation bezeichnet. Den allgemeinen Fall können wir erhalten, indem wir eine spezielle Lorentz-Transformation mit einer Achsendrehung kombinieren, aber wir werden diesen Fall hier nicht behandeln. Lorentz[3] konstruierte diese Transformation vor Einsteins Arbeit und zeigte, dass die Maxwell Gleichungen unter dieser Transformation ihre Form behalten. Der Mathematiker und Physiker Poincaré[4] erfand diese Transformationen unabhängig. Die Koordinaten t, x, y, z, die mit einem Inertialsystem verbunden sind, und mit deren Hilfe die zeitliche Distanz die einfachen, in Gl. (5.8) gegebene Form annimmt, werden auch als Lorentz-Koordinaten bezeichnet.

In den Gleichungen (5.17) und (5.18) können wir bemerken, dass die Lorentz-Transformation ihren Sinn verliert, wenn $u \geqslant c$. Dies deutet darauf hin, dass die relative Geschwindigkeit zwischen zwei Inertialsystemen niemals die Lichtgeschwindigkeit überschreiten kann. Später werden wir mehr Argumente sehen, die diese Hypothese unterstützen.

Aus Gl. (5.17) können wir explizit sehen, dass die Gleichzeitigkeit von Ereignissen in den beiden Bezugssystemen nicht gleich beurteilt wird. Da die Gleichzeitigkeit in die Messung von räumlichen Längen einfließt, haben wir auch unterschiedliche Bewertungen von Distanzen in den beiden Bezugssystemen. Man stelle sich eine Stange **S** vor, die im Bezugssystem I' ruht, mit ihren Enden A und B auf der x'-Achse. In I' ist die Länge dieser Stange einfach die Differenz der x'-Koordinaten der Enden:

$$l_0 = |x'_A - x'_B|\,. \tag{5.20}$$

Wenn wir die Länge der Stange im Bezugssystem I messen wollten, müssten wir einen Meterstab gleichzeitig an den Enden von **S** anlegen. Die Ereignisse der Berührung der Enden der Stangen müssten dann denselben Wert der Koordinate t

[3] Hendrik Antoon Lorentz, *1853–†1928. Niederländischer Physiker, der bedeutend zur Erforschung des Elektromagnetismus beitrug und der den Zeeman-Effekt erklärte.

[4] Henri Poincaré *1854–†1912. Französischer Mathematiker, Physiker und Philosoph mit einem enorm breiten Spektrum von Arbeitsgebieten.

haben. Mit Gl. (5.18) können wir schließen, dass die in I beobachtete Länge dann

$$l = |x_A - x_B| = \sqrt{1-\beta^2}|x'_A - x'_B| = \sqrt{1-\beta^2}l_0 \,. \tag{5.21}$$

ist. Dann würde die Stange kleiner erscheinen. Dieser Effekt wird als Lorentz-Kontraktion bezeichnet. Was ist also die *wahre* Länge der Stange? Das ist eine Definitionsfrage. Es scheint vernünftig, die Länge einer Stange so zu definieren, dass diese Größe nicht von der Wahl des Bezugssystems abhängt. Wir können die *wahre* oder eigene Länge einer Stange als diejenige definieren, die im Ruhesystem der Stange gemessen wird. Das heißt: wenn wir uns in einem Bezugssystem I befinden, in dem sich die Stange mit einer bestimmten Geschwindigkeit bewegt, lautet die Messvorschrift: Man ruft einen Kollegen an, der im Ruhesystem der Stange lebt, und bittet ihn, die Länge zu messen. Auf diese Weise kommen wir immer auf denselben Wert, unabhängig vom Bezugssystem I.

Übungen

Ü.5.1 Verwenden Sie die Methode der Übung Ü.4.1, um zu zeigen, dass die Matrixelemente M_{00} und M_{01} der Gl. (5.15) die Beziehung $M_{01} = -\beta M_{00}$ erfüllen müssen.

Ü.5.2 Zeigen Sie, dass die Gl. (5.10) äquivalent ist zu $M^{\mathrm{T}}GM = G$, wobei M die Matrix der Koordinatentransformation und G die folgende Matrix ist

$$G = \begin{pmatrix} 1 & 0 & 0 & 0 \\ 0 & -1 & 0 & 0 \\ 0 & 0 & -1 & 0 \\ 0 & 0 & 0 & -1 \end{pmatrix}.$$

Ü.5.3 Zeigen Sie, dass die Lorentz-Transformation (Gl. (5.16)) tatsächlich die Bedingung (5.10) erfüllt.

Ü.5.4 Die Gl. (5.16) (Lorentz-Transformation) ist nicht die einzige Lösung des Problems, γ, M_{00} und M_{01} so zu finden, dass die Gl. (5.10) erfüllt ist. Zeigen Sie, dass

$$\begin{pmatrix} x''_0 \\ x''_1 \\ x''_2 \\ x''_3 \end{pmatrix} = \begin{pmatrix} -\gamma & +\beta\gamma & 0 & 0 \\ -\beta\gamma & \gamma & 0 & 0 \\ 0 & 0 & 1 & 0 \\ 0 & 0 & 0 & 1 \end{pmatrix} \begin{pmatrix} x_0 \\ x_1 \\ x_2 \\ x_3 \end{pmatrix}$$

mit $\gamma = \frac{1}{\sqrt{1-\beta^2}}$ und $\beta = \frac{u}{c}$ auch die Bedingung (5.10) erfüllt. Geben Sie ein Argument, warum diese zweigestrichenen Koordinaten x'' aus der Betrachtung ausgeschlossen werden können.

Ü.5.5 Berechnen Sie die Inverse einer Lorentz-Transformation

Ü.5.6 I, I', I'' sind Inertialsysteme. I' bewegt sich mit Geschwindigkeit u_1 entlang der x-Achse relativ zu I. I'' bewegt sich mit Geschwindigkeit u_2 entlang der x'-Achse relativ zu I'. Schreiben Sie die Lorentz-Transformation, die die Koordinaten t'', x'', y'', z'' mit t, x, y, z verbindet. (Alle Achsen sind parallel).

Ü.5.7 Bestimmen Sie die Lorentz-Transformation für den Fall, dass I' sich in Richtung z und nicht in Richtung x bewegt.

Ü.5.8 Bestimmen Sie die Lorentz-Transformation für den Fall, dass I' sich in einer Richtung in der xz-Ebene bewegt, die einen Winkel θ mit der z-Achse bildet, so dass die Geschwindigkeit von I' relativ zu I durch $\vec{u} = \vec{e}_z u \cos\theta + \vec{e}_x u \sin\theta$ gegeben ist. Tipp: Wenden Sie zuerst eine Drehung an, die den Vektor $\vec{u}$ in Richtung der z-Achse dreht, dann wenden Sie die Lorentz-Transformation der Übung Ü.5.7 an und schließlich die umgekehrte Drehung.

Geschwindigkeitstransformation 6

Die Invarianz der Lichtgeschwindigkeit ist offensichtlich unvereinbar mit dem nichtrelativistischen Gesetz der Geschwindigkeitstransformation; $\vec{v}' = \vec{v} - \vec{u}$. Wir werden nun sehen, wie sich Geschwindigkeiten bei einem Wechsel des Inertialsystems ändern. Wir verwenden die spezielle Lorentz-Transformation (Gl. (5.17), (5.18), (5.19)). Betrachten wir ein Zeitgesetz im Bezugssystem I:

$$t \longmapsto \{x(t), y(t), z(t)\} \,. \tag{6.1}$$

Im Bezugssystem I' wird diese Bewegung durch das folgende Zeitgesetz beschrieben

$$t' \longmapsto \{x'(t'), y'(t'), z'(t')\} \,, \tag{6.2}$$

wo t', x', y', z' mit t, x, y, z durch die Gl. (5.17), (5.18), (5.19) verbunden sind. Die Geschwindigkeiten in I' sind dann

$$v'_x = \frac{dx'}{dt'} = \frac{dx'}{dt}\frac{dt}{dt'} = \gamma(v_x - u)\frac{dt}{dt'} \,, \tag{6.3}$$

$$v'_y = \frac{dy'}{dt'} = \frac{dy'}{dt}\frac{dt}{dt'} = v_y\frac{dt}{dt'} \,, \tag{6.4}$$

$$v'_z = \frac{dz'}{dt'} = \frac{dz'}{dt}\frac{dt}{dt'} = v_z\frac{dt}{dt'} \,. \tag{6.5}$$

Es bleibt dt/dt' zu berechnen. Anstatt diese Ableitung zu berechnen, berechnen wir das Inverse dt'/dt:

$$\frac{dt'}{dt} = \gamma\left(1 - \frac{uv_x}{c^2}\right) . \tag{6.6}$$

Wenn wir $dt/dt' = 1/(dt'/dt)$ in die Gl. (6.3)-(6.5) einsetzen, erhalten wir

$$v'_x = \frac{v_x - u}{1 - \frac{uv_x}{c^2}} \,, \tag{6.7}$$

$$v'_y = v_y\frac{\sqrt{1 - \left(\frac{u}{c}\right)^2}}{1 - \frac{uv_x}{c^2}} \,, \qquad v'_z = v_z\frac{\sqrt{1 - \left(\frac{u}{c}\right)^2}}{1 - \frac{uv_x}{c^2}} \,. \tag{6.8}$$

B. Lesche, *Relativitätstheorie*, https://doi.org/10.1007/978-3-662-73561-9_6

Ein bemerkenswerter Aspekt dieser Transformationen ist, dass die Komponenten v'_y und v'_y auch von v_x abhängen. Das unterscheidet sich sehr vom nicht-relativistischen Fall. Es kann gezeigt werden, dass eine Geschwindigkeit $\vec{v}$, deren Betrag in I kleiner als c ist, in jedem Inertialsystem kleiner als c sein wird. Betrachten wir nur zwei Beispiele:

1) Nehmen wir an, dass $\vec{v} = 0{,}5c\vec{e}_x$, und $u = -0{,}5c$. Nicht relativistisch hätten wir $\vec{v'} = c\vec{e}_x$. Aber die Gl. (6.7), (6.8) zeigen, dass

$$v'_x = \frac{0{,}5c - (-0{,}5c)}{1 - \frac{0{,}5c(-0{,}5c)}{c^2}} = \frac{c}{1 + 1/4} = \frac{4}{5}c < c$$

und $v'_y = v'_z = 0$.

2) Nehmen wir an, dass $\vec{v} = c\vec{e}_x$, und $-c < u < c$. Mit (6.7) und (6.8) haben wir

$$v'_x = \frac{c - u}{1 - \frac{cu}{c^2}} = \frac{c(1 - u/c)}{1 - u/c} = c$$

und $v'_y = v'_z = 0$, was ein Beispiel für die Invarianz der Lichtgeschwindigkeit ist.

Übungen

Ü.6.1 Das Inertialsystem I' bewegt sich mit einer Geschwindigkeit von $0{,}7\,c$ in Richtung x relativ zum System I, und das System I'' bewegt sich mit einer Geschwindigkeit von $0{,}8\,c$ relativ zu I in Richtung $-x$. Berechnen Sie die Geschwindigkeit von I' relativ zu I''.

Ü.6.2 Ein Lichtimpuls breitet sich entlang der y-Achse des Systems I aus. Ein System I' bewegt sich mit einer Geschwindigkeit u in Richtung x relativ zu I. Berechnen Sie die Komponenten der Geschwindigkeit des Lichtimpulses und seinen Betrag im System I'.

Ü.6.3 Drücken Sie die Komponenten der Geschwindigkeit eines Teilchens in Bezug auf das System I in Bezug auf die Geschwindigkeitskomponenten in Bezug auf das System I' aus, das sich mit einer Geschwindigkeit u in Richtung x relativ zu I bewegt.

Ü.6.4 Verwenden Sie die Umkehrung der Gl. (6.7), die in Übung Ü.6.3 erhalten wurde, um zu erklären, warum die Messungen des Mitnahmefaktors α das Ergebnis $\alpha = 1 - n^{-2}$ ergaben. Verwenden Sie, dass die Geschwindigkeiten der Medien im Vergleich zur Lichtgeschwindigkeit in den Experimenten niedrig sind.

7 Die Geometrie der Raum-Zeit und die Definition des Meters

In diesem Abschnitt werden wir sehen, dass die Geometrie der Raum-Zeit vollständig durch die zeitlichen Abstände von Ereignissen bestimmt werden kann. Allerdings können wir aus der Gl. (5.8)

$$\tau(e_1, e_2) = \frac{1}{c}\sqrt{c^2(t_2 - t_1)^2 - (x_2 - x_1)^2 - (y_2 - y_1)^2 - (z_2 - z_1)^2}$$

sehen, dass die zeitliche Distanz von Ereignissen nicht immer wohldefiniert ist. Wenn die beiden Ereignisse e_1 und e_2 so in der Raum-Zeit positioniert sind, dass

$$Q(e_1, e_2) = c^2(t_2 - t_1)^2 - (x_2 - x_1)^2 - (y_2 - y_1)^2 - (z_2 - z_1)^2 < 0\,, \tag{7.1}$$

dann liefert der Ausdruck der zeitlichen Distanz keine reelle Zahl. Aber eine zeitliche Distanz, die ein Anzahl von Oszillationen ist, muss reell sein. Die Tatsache, dass die zeitliche Distanz in diesem Fall nicht wohldefiniert ist, hat eine offensichtliche physikalische Interpretation: Wenn die Ereignisse e_1 und e_2 die Bedingung (7.1) erfüllen, werden wir keine Uhr finden, die beiden Ereignissen beiwohnt. Denn diese Uhr müsste mit einer Geschwindigkeit größer als die Lichtgeschwindigkeit reisen, und aus der Diskussion der Lorentz-Transformationen haben wir Hinweise darauf, dass es keinen materiellen Körper gibt, der sich mit solch einer Geschwindigkeit bewegt. In dieser Hinsicht unterscheiden sich die zeitliche Distanz und die gewöhnliche Distanz der gewöhnlichen Geometrie: Im Prinzip können wir einen Meterstab zwischen beliebigen zwei Punkten im Raum anlegen, solange kein Hindernis im Weg ist. In der Raum-Zeit stellt die Geometrie selbst ein Hindernis zwischen bestimmten Paaren von Ereignissen dar, das verhindert, dass wir eine Uhr an den Ereignissen „anlegen".

Sehen wir, welche Paare von Ereignissen eine wohl definierte zeitliche Distanz haben und für welche es keinen Sinn macht, von einer zeitlichen Distanz zu sprechen. Um diese Mengen zu visualisieren, können wir das Ereignis e_1 fixieren und e_2 variieren. Die Menge der Ereignisse e, die eine wohl definierte zeitliche Distanz zu e_1 haben, ist durch die Bedingung $Q(e_1, e) > 0$ gekennzeichnet. Die Ereignisse, die keine gut definierte zeitliche Distanz zu e_1 haben, erfüllen $Q(e_1, e) < 0$.

B. Lesche, *Relativitätstheorie*, https://doi.org/10.1007/978-3-662-73561-9_7

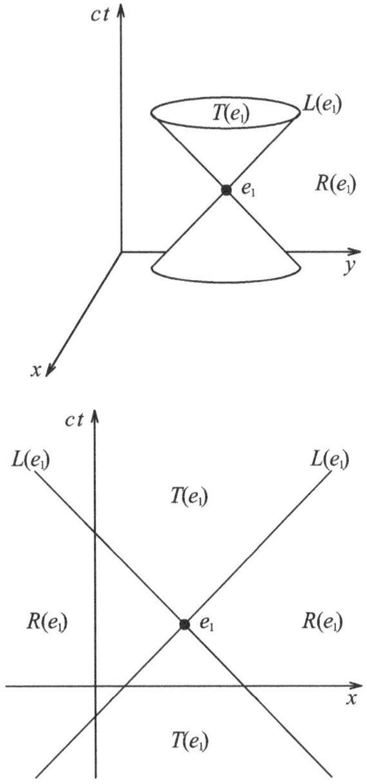

Abb. 7.1 Dreidimensionale Darstellung der Bereiche $T(e_1)$, $R(e_1)$, $L(e_1)$ in der Raum-Zeit mit Ereignissen, die von einem Ereignis e_1 zeitlich, räumlich und lichtartig getrennt sind

Abb. 7.2 Zweidimensionale Darstellung der Bereiche $T(e_1)$, $R(e_1)$, $L(e_1)$ in der Raum-Zeit mit Ereignissen, die von einem Ereignis e_1 zeitlich, räumlich und lichtartig getrennt sind

Es gibt auch den Fall, $Q(e_1, e) = 0$, für den der mathematische Ausdruck für τ die reelle Zahl Null ergibt, aber wir würden auch keine Uhr finden, die von e_1 nach e reist. Wir können diese Mengen in den Abb. 7.1 und 7.2 sehen. Die Menge $L(e_1) = \{e | Q(e_1, e) = 0\}$ wird als doppelter Lichtkegel des Ereignisses e_1 bezeichnet, und dieser Doppelkegel trennt die Mengen $T(e_1) = \{e | Q(e_1, e) > 0\}$ und $R(e_1) = \{e | Q(e_1, e) < 0\}$.

Für jedes Ereignis $e \in T(e_1)$ können wir dann eine Uhr finden, die die Ereignisse e_1 und e bezeugt. Im Ruhesystem dieser Uhr geschehen die beiden Ereignisse e_1 und e am selben Punkt im Raum. Daher können wir sagen: Die Ereignisse von $T(e_1)$ sind zeitlich von e_1 getrennt. Gleich danach werden wir sehen, dass wir für jedes Ereignis $e \in R(e_1)$ ein Inertialsystem finden können, in dem e_1 und e gleichzeitig sind. Daher sagt man, dass die Ereignisse aus $R(e_1)$ räumlich von e_1 getrennt sind. Da der mathematische Ausdruck der zeitlichen Distanz einen reellen Wert ergibt, wenn $Q(e_1, e_2) = 0$, ist es sinnvoll, die Mengen T und L zusammenzufassen; $\bar{T}(e_1) = T(e_1) \cup L(e_1) = \{e | Q(e_1, e) \geqslant 0\}$. Diese Menge $\bar{T}(e_1)$ ist ein voller Doppelkegel (mit Innerem). Wie wir aus Abb. 7.3 sehen können, zerfällt $\bar{T}(e_1)$ natürlich in zwei einfache Kegel, $\bar{Z}(e_1)$ und $\bar{V}(e_1)$, so dass $\bar{T}(e_1) = \bar{Z}(e_1) \cup \bar{V}(e_1)$ und dass $\{e_1\} = \bar{Z}(e_1) \cap \bar{V}(e_1)$.

Abb. 7.3 Zukunft und Vergangenheit eines Ereignisses

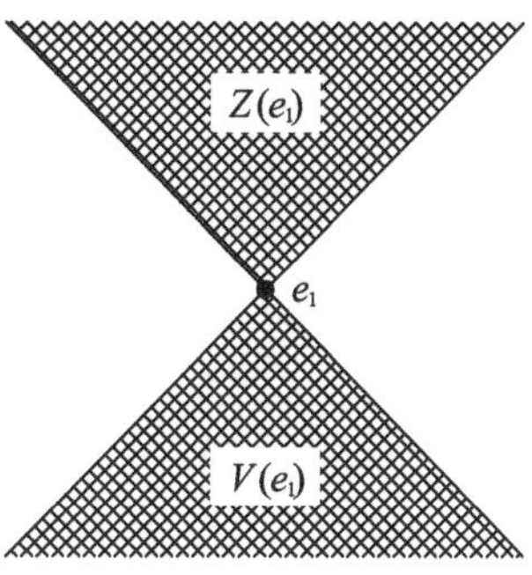

Jede Weltlinie, die durch das Ereignis e_1 läuft, wird durch die Kegel $\bar{Z}(e_1)$ und $\bar{V}(e_1)$ in zwei Teile geteilt, einen Teil, der in $\bar{V}(e_1)$ liegt, und einen, der in $\bar{Z}(e_1)$ liegt, wobei das Ereignis e_1 das einzige gemeinsame Element ist. Diese Situation rechtfertigt es, einen dieser Kegel die Vergangenheit von e_1 und den anderen die Zukunft von e_1 zu nennen. Ereignisse aus dem Zukunftskegel von e_1 sind später als e_1 und Ereignisse aus dem Vergangenheitskegel von e_1 sind früher als e_1. Zukunft und Vergangenheit sind fundamental für den wichtigen aber sehr schwierigen Begriff der Kausalität. Zu den Ursachen von Geschehnissen, die sich in einer Region R der Raum-Zeit abspielen, tragen nur Ereignisse der Verganenheit dieser Region bei. Die Vergangenheit $\bar{V}(R)$ einer Region R ist die Vereinigung aller Vergangenheitskegel der Ereignisse aus R; $\bar{V}(R) = \bigcup_{e \in R} \bar{V}(e)$. Im Kapitel 12 werden wir noch etwas darauf eingehen.

Für Ereignisse e, die räumlich von e_1 getrennt sind, macht es offensichtlich keinen Sinn, e und e_1 im Sinne von *später* oder *früher* zu vergleichen, da wir immer ein Bezugssystem finden können, in dem sie gleichzeitig wären. Wir haben also eine Struktur, die Mathematiker als *partielle Ordnung* oder *Halbordnung* bezeichnen.

Betrachten wir ein einfaches Beispiel für eine partielle Ordnung. Für reelle Funktionen können wir definieren: Die Funktion f ist größer als die Funktion g, wenn für alle x der Wert $f(x)$ immer größer oder gleich dem Wert $g(x)$ ist. Das heißt $f \succcurlyeq g \Leftrightarrow \forall x : f(x) \geqslant g(x)$. Zum Beispiel, für $f(x) = \exp\{x\}$ und $g(x) = \sin(x) \cdot \exp\{x\}$ gilt $f \succcurlyeq g$, aber die Funktionen sin und cos wären unvergleichbar.

Wir können sagen: Die Zeit in ihrer ordnenden Bedeutung des „später als" und „früher als" ist eine absolute Halbordnung der Ereignisse. Für zeitlich getrennte Ereignisse können wir entscheiden, welches früher und welches später ist. Diese Unterscheidung ist absolut und unabhängig von der Wahl eines Bezugssystems. Nicht nur dieser qualitative Aspekt der Zeit ist absolut, die zeitliche Distanz ist eine absolute quantitative zeitliche Größe, und im Kapitel 9 werden wir noch eine weitere absolute zeitliche Größe kennenlernen.

Es bleibt zu zeigen, dass wir für räumlich getrennte Ereignisse immer ein Bezugssystem finden können, in dem sie gleichzeitig sind. Dazu diskutieren wir zunächst ein Beispiel als Übung, das die Situation vollkommen klar macht.

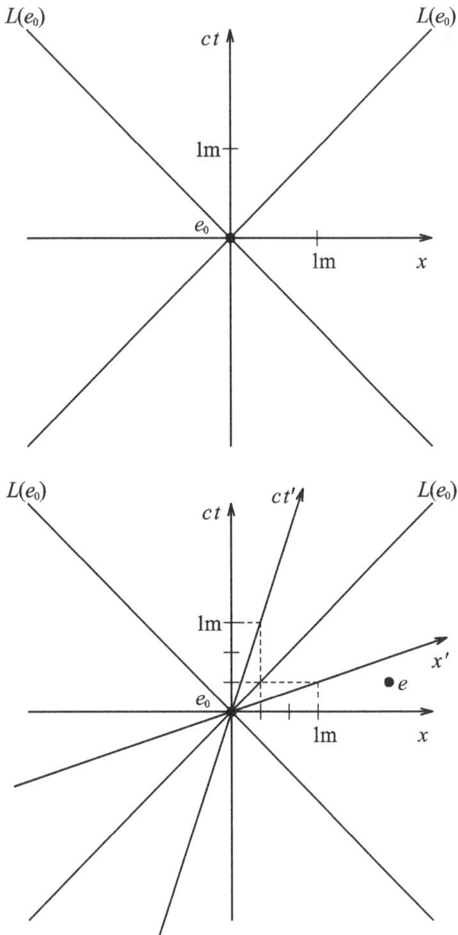

Abb. 7.4 Achsen ct und x. Wie würden die Achsen ct' und x' für die Lorentz-Transformation der Gl. (5.16) mit $\beta = 1/3$ aussehen?

Abb. 7.5 Ursprüngliche und transformierte Achsen für die Lorentz-Transformation der Gl. (5.16) mit $\beta = 1/3$. Ein Ereignis e wird gezeigt, das eine positive Zeitkoordinate in den ursprünglichen Koordinaten und eine negative in den neuen Koordinaten hat

Übung Zeichnen Sie in Abb. 7.4 die Achsen ct' und x' für die Lorentz-Transformation der Gl. (5.16) mit $\beta = 1/3$.

Lösung Die Achse ct' wird durch die Bedingung $x' = 0$ (und $y' = z' = 0$ auch, aber wir lassen y und z zur Vereinfachung weg) bestimmt. Mit $x' = -\beta\gamma(ct) + \gamma x$ ist die Bedingung $x' = 0$ äquivalent zu $x/(ct) = \beta = 1/3$. Dies ermöglicht das Zeichnen der Achse ct'. Die Achse x' wird durch die Bedingung $ct' = 0$ bestimmt. Mit $(ct') = \gamma(ct) - \beta\gamma x$ ist die Bedingung $ct' = 0$ äquivalent zu $(ct)/x = \beta = 1/3$. Dies ermöglicht das Zeichnen der Achse x'. Abb. 7.5 zeigt das Ergebnis.

Wir zeigen in Abb. 7.5 auch ein Ereignis e, das raumartig vom Ursprungsereignis e_0 getrennt ist; $e \in R(e_0)$. Wie wir sehen können, wäre die Zeitkoordinate von e im Bezugssystem I positiv, während sie im Bezugssystem I' negativ wäre, das bedeutet, dass die Differenz der Zeitkoordintaten der Ereignisse e und e_0 bei diesem Wechsel des Bezugssystems das Vorzeichen wechselt. Dies bedeutet jedoch nicht, dass sich die zeitliche Reihenfolge dieser Ereignisse ändert, denn diese beiden Ereignisse haben gar keine zeitliche Reihenfolge, da sie in der zeitlichen Halbordnug unvergleichbar sind. Die Werte der Zeitkoordinate sagen hier nichts über die zeitliche Ordung aus. t ist nicht *die Zeit*, sondern nur eine Koordinate!

Nach dieser Übung ist es evident, wie man aus raumartig getrennten Ereignissen gleichzeitige Ereignisse macht: Wenn sich e_1 und e_2 auf der x-Achse ereignen und raumartig separiert sind, so gilt $|x_2 - x_1| > |ct_2 - ct_1|$. Dann werden diese Ereignisse in dem Inertialsystem I' gleichzeitig, das man aus I mit der Lorentz-Transformation mit $\beta = (ct_2 - ct_1)/(x_2 - x_1)$ erhält.

Wir können aus unserer Übung noch mehr lernen. Wir haben die neuen Koordinatenachsen bestimmt, aber wir haben noch keine Einheiten auf diesen Achsen platziert. Wir werden nun bestimmen, wo die Markierungen von 1 m auf den Achsen x' und ct' liegen würden. Das Ereignis e_1, das in der Raum-Zeit an der 1 m-Marke der ct'-Achse liegt, hat die Koordinaten (im Bezugssystem I')

$$e_1 \to \begin{pmatrix} ct_1' = 1\,\text{m} \\ 0 \\ 0 \\ 0 \end{pmatrix}' .$$

Für die quadratische Größe Q' zwischen dem Ereignis e_1 und dem Ursprungsereignis e_0 gilt dann $Q'(e_0, e_1) = 1\,\text{m}^2$. Aber wir wissen, dass der Wert dieser Größe der gleiche ist, wenn er in den Koordinaten des Bezugssystems I berechnet wird. Wir wissen dann, dass das Ereignis e_1, das 1 m auf der ct'-Achse markiert, die Gleichung

$$(ct)^2 - x^2 - y^2 - z^2 = 1\,\text{m}^2 \tag{7.2}$$

erfüllt. Diese Gleichung beschreibt zwei Hyperboloide, eines innerhalb des Zukunftskegels $Z(e_0)$ und das andere innerhalb der Vergangenheit von e_0. Die 1 m-Marke liegt dort, wo die ct'-Achse das Zukunfts-Hyperboloid durchquert. Das Ereignis e_2, das in der Raum-Zeit an der 1 m-Marke der x'-Achse liegt, hat die Koordinaten (im Bezugssystem I')

$$e_2 \to \begin{pmatrix} 0 \\ x_2' = 1\,\text{m} \\ 0 \\ 0 \end{pmatrix}' .$$

Wir wissen dann, dass $Q(e_0, e_2) = -1\,\text{m}^2$ und folglich erfüllt das Ereignis e_2, das 1 m auf der x'-Achse markiert, die Gleichung

$$(ct)^2 - x^2 - y^2 - z^2 = -1\,\text{m}^2 . \tag{7.3}$$

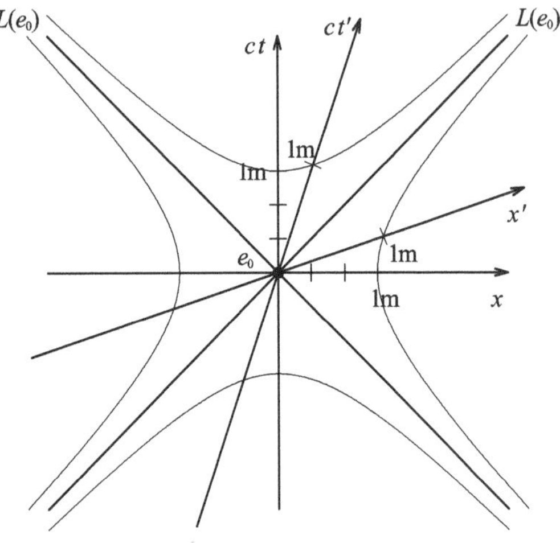

Abb. 7.6 Hyperbolische Oberflächen, die die Einheiten auf den Koordinatenachsen bestimmen

Diese Gleichung beschreibt ein einschaliges Hyperboloid. Die 1 m-Marke liegt dort, wo die x'-Achse dieses Hyperboloid durchquert. Abb. 7.6 zeigt das Ergebnis. Diese Abbildung ersetzt dann Abb. 2.1 der nichtrelativistischen Physik.

Aus dieser Konstruktion können wir lernen, wie wir $Q(e_0, e)$ für räumlich getrennte Ereignisse e_0, e interpretieren können. Die zeitliche Distanz $\tau(e_0, e) = c^{-1}\sqrt{Q(e_0, e)}$ macht in diesem Fall keinen Sinn, aber wir können

$$s(e_0, e) = \sqrt{-Q(e_0, e)} \tag{7.4}$$

die räumliche Trennung der Ereignisse e_0 und e nennen. $s(e_0, e)$ wäre die Distanz zwischen den Punkten P_{e_0} und P_e, an denen die Ereignisse e_0 und e stattfinden, gemessen im Bezugssystem, in dem diese Ereignisse als gleichzeitig angesehen werden. Es ist

$$d\left(P_{e_0}, P_e\right) = s(e_0, e) = \sqrt{-Q(e_0, e)} \tag{7.5}$$

für e_0 und e gleichzeitig im Bezugssystem, das P_{e_0} und P_e definiert.

Offenbar können wir die gesamte Geometrie der Raum-Zeit mit der Größe Q beschreiben. Der Wert $Q(e_1, e_2)$ wird als Intervall zwischen den Ereignissen e_1 und e_2 bezeichnet. Daher wollen wir nun die Eigenschaften dieser Größe weiter untersuchen. Wie wir bemerken können, hängt

$$Q(e_1, e_2) = c^2(t_2 - t_1)^2 - (x_2 - x_1)^2 - (y_2 - y_1)^2 - (z_2 - z_1)^2$$

nur von den Differenzen der Koordinaten der Ereignisse ab. Folglich haben zwei Paare von Ereignissen (e, f) und (g, h), die denselben 4-Vektor beschreiben, denselben Wert von Q. Wir stellen fest, dass die Definition des 4-Vektors, die wir im nicht-relativistischen Teil gegeben haben, ohne Änderungen beibehalten werden kann, da auch die Lorentz-Transformationen Geraden erhalten. Erinnern wir uns an die Definition:

Ein 4-Vektor wird durch ein Paar von Ereignissen (e, f) definiert, wobei zwei Paare (e, f) und (g, h) denselben 4-Vektor definieren, genau dann wenn die Differenzen der Koordinaten der Ereignisse, die durch ein Inertialsystem definiert sind, für beide Paare gleich sind. Dann haben wir $\overrightarrow{e, f} = \overrightarrow{g, h} \Rightarrow Q(e, f) = Q(g, h)$. Auf diese Weise können wir Q für einen 4-Vektor definieren:

$$Q\left(\overrightarrow{e\,f}\right) = Q(e, f)\,. \tag{7.6}$$

Vierervektoren $\vec{a}$, die die Ungleichung $Q(\vec{a}) > 0$ erfüllen, nennen wir zeitartige Vektoren oder zeitliche Vektoren, solche, die $Q(\vec{a}) < 0$ erfüllen, nennen wir raumartige Vektoren und solche, die $Q(\vec{a}) = 0$ erfüllen, nennen wir lichtartige Vektoren.

Quadratische Funktionen eines Vektors, wie die in Gl. (7.6), werden quadratische Formen genannt. Wir kennen eine quadratische Form aus der gewöhnlichen Geometrie. Das Quadrat des Betrags eines Vektors ist ein Beispiel. Das Quadrat des Betrags ist eng mit dem Skalarprodukt von Vektoren verbunden; für gewöhnliche Vektoren haben wir

$$|\vec{a}|^2 = \vec{a} \cdot \vec{a}\,. \tag{7.7}$$

Umgekehrt können wir das Skalarprodukt zweier Vektoren mit Quadraten von Beträgen ausdrücken. Man stelle sich vor, wir müssen das Skalarprodukt zweier Vektoren (gewöhnliche) $\vec{a}$ und $\vec{b}$ bestimmen und haben nur ein Lineal zur Verfügung, um Entfernungen zu messen. Wir können diese Aufgabe wie folgt lösen: Wir stellen fest, dass $(\vec{a} + \vec{b})^2 - (\vec{a} - \vec{b})^2 = 4\vec{a} \cdot \vec{b}$. Auf diese Weise können wir das Produkt $\vec{a} \cdot \vec{b}$ durch Messen von Längen bestimmen:

$$\vec{a} \cdot \vec{b} = \frac{1}{4}\left\{\left|\vec{a} + \vec{b}\right|^2 - \left|\vec{a} - \vec{b}\right|^2\right\}. \tag{7.8}$$

Diese Art, das Skalarprodukt mit dem Quadrat eines Betrags in Beziehung zu setzen, funktioniert auch mit anderen Arten von verallgemeinerten Beträgen $\|\vec{a}\|$, solange dieser Betrag die Parallelogramm-Identität (bekannt aus der gewöhnlichen Geometrie) erfüllt:

$$\left\|\vec{a} + \vec{b}\right\|^2 + \left\|\vec{a} - \vec{b}\right\|^2 = 2\|\vec{a}\|^2 + 2\left\|\vec{b}\right\|^2. \tag{7.9}$$

Mit der Gl. (5.1) überprüfen wir sofort, dass Q auch diese Art von Identität erfüllt:

$$Q\left(\vec{a} + \vec{b}\right) + Q\left(\vec{a} - \vec{b}\right) = 2Q(\vec{a}) + 2Q\left(\vec{b}\right). \tag{7.10}$$

Daher können wir ein Skalarprodukt für 4-Vektoren definieren:

$$\vec{a} \cdot \vec{b} = \frac{1}{4}\left\{Q\left(\vec{a} + \vec{b}\right) - Q\left(\vec{a} - \vec{b}\right)\right\}. \tag{7.11}$$

Da Q unabhängig von der Wahl des Bezugssystems ist, ist dieses Skalarprodukt auch absolut. Wenn wir die Komponenten der 4-Vektoren $\vec{a} = \overrightarrow{e\,f}$ und $\vec{b} = \overrightarrow{g\,h}$ in der Form

$$\overrightarrow{e\,f} = \begin{pmatrix} ct_f - ct_e \\ x_f - x_e \\ y_f - y_e \\ z_f - z_e \end{pmatrix}_I = \begin{pmatrix} a_0 \\ a_1 \\ a_2 \\ a_3 \end{pmatrix}_I$$

und

$$\overrightarrow{g\,h} = \begin{pmatrix} ct_h - ct_g \\ x_h - x_g \\ y_h - y_g \\ z_h - z_g \end{pmatrix}_I = \begin{pmatrix} b_0 \\ b_1 \\ b_2 \\ b_3 \end{pmatrix}_I \tag{7.12}$$

schreiben, ist das Skalarprodukt

$$\vec{a} \cdot \vec{b} = a_0 b_0 - a_1 b_1 - a_2 b_2 - a_3 b_3 \; . \tag{7.13}$$

Das Wichtige ist, dass der Wert dieser Größe unabhängig vom gewählten Inertialsystem ist.

Mit dem Skalarprodukt haben wir auch den Begriff der Orthogonalität in der Raum-Zeit. $\vec{a}$ ist zu $\vec{b}$ orthogonal genau dann, wenn $\vec{a} \cdot \vec{b} = 0$. Man beachte, dass die Orthogonalität in der Raum-Zeit ganz anders als die Orthogonalität im euklidischen Raum des Papiers ist, auf dem wir die Raum-Zeit zeichnen. Zum Beispiel ist die x'-Achse in den Abb. 7.5 und 7.6 orthogonal zur t'-Achse. Es ist nicht einfach, die natürliche Geometrie des Papiers zu ignorieren und sie geistig durch die Geometrie der Raum-Zeit zu ersetzen. Man beachte auch, dass in der Geometrie der Raum-Zeit die t'-Achse genauso symmetrisch innerhalb des Lichtkegels ist wie die t-Achse. Es gibt sogar vom Nullvektor verschiedene Vektoren, die orthogonal zu sich selbst sind!

Mit der nicht-relativistischen Annahme einer absoluten Gleichzeitigkeit kann man den Begriff des *Zeitpunktes* definieren. Der Zeitpunkt eines Ereignisses e wäre die Menge aller Ereignisse, die gleichzeitig mit e sind. Jetzt, mit einer Gleichzeitigkeit, die vom verwendeten Bezugssystem abhängt, verliert der Begriff des Zeitpunkts seinen Sinn und es ist besser, dieses Wort nicht in Situationen zu verwenden, die hohe Geschwindigkeiten oder große Entfernungen beinhalten. Gleichzeitigkeit hat eine geometrische Bedeutung. Sie entspricht der Orthogonalität von zeit- und raumartigen Vektoren; zwei Ereignisse e_1 und e_2 sind im Bezugssystem I gleichzeitig, wenn der Vektor $\overrightarrow{e_1\,e_2}$ orthogonal zu den Vektoren ist, die aus Paaren von Ereignissen gebildet werden, die in I am gleichen Punkt stattfinden. Die Rolle der relativen Gleichzeitigkeit in einem Inertialsystem I besteht darin, ausgehend von der quadratischen Form Q eine euklidische Geometrie im Raum des Bezugssystems zu induzieren. Die Punkte des Raums des Bezugssystems I sind Weltlinien in der Raum-Zeit. Die Ereignisse, die in I gleichzeitig mit einem gegebenen Ereignis e_0 sind, bilden eine dreidimensionale Hyperebene E, die diese Weltlinien schneidet,

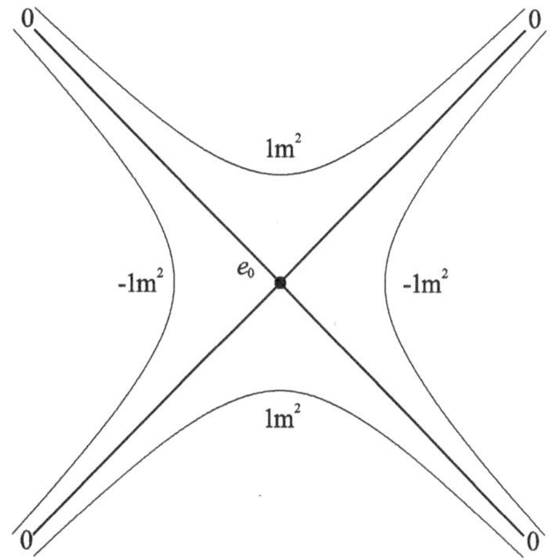

Abb. 7.7 Zweidimensionale Visualisierung der quadratischen Form Q

jede Linie genau bei einem Ereignis. Die Einschränkung der quadratischen Form Q auf Vektoren $\overrightarrow{e_0 e}$ mit e in der Hyperebene E definiert eine quadratische Form im Vektorraum, der mit I assoziiert ist und uns die Quadrate der Beträge der Positionsvektoren im Raum von I liefert, wenn wir den Ort des Ereignisses e_0 als Ursprung verwenden. Daher ist Gleichzeitigkeit ein Werkzeug zur Erzeugung der Geometrie der dreidimensionalen Räume, sie dient nicht dazu zu entscheiden, ob ein entferntes Ereignis bereits stattgefunden hat oder noch stattfinden wird.

Im gewöhnlichen Raum können wir das Quadrat des Betrags visualisieren, indem wir ausgehend von einem festen Punkt die Endpunkte aller Vektoren zeichnen, die die Gleichung $|\vec{a}|^2 = 1\,\mathrm{m}^2$ erfüllen. Dies ergibt eine Kugel. Die quadratische Form Q kann visualisiert werden, indem man ausgehend von einem festen Ereignis die Endpunkte aller Vektoren zeichnet, die die Gleichungen $Q(\vec{a}) = +1\,\mathrm{m}^2$, $Q(\vec{a}) = -1\,\mathrm{m}^2$ und $Q(\vec{a}) = 0$ erfüllen. Abb. 7.7 ermöglicht die Visualisierung der Geometrie der Raum-Zeit für eine zweidimensionale Darstellung. Es bleibt als Übung, sich diese Oberflächen in einer dreidimensionalen Raum-Zeit vorzustellen.

In moderneren Lehrbüchern (zum Beispiel in der Ausgabe von Halliday Resnick von 1996) finden wir in der Tabelle der natürlichen Konstanten den Wert der Lichtgeschwindigkeit $c = 299.792.458\,\mathrm{m/s}$, zusammen mit dem Kommentar, dass dieser Wert exakt ist. Das Fehlen eines experimentellen Fehlers bedeutet, dass es sich einfach um eine Definition der Einheit Meter handelt. Ein Meter ist per Definition die Entfernung, die das Licht im Vakuum während der Zeit von $(299.792.458)^{-1}$ s zurücklegt. Wo bleibt dann der physikalische Inhalt der Invarianz der Lichtgeschwindigkeit? Besteht die Relativitätstheorie nur aus zwei Definitionen, eine von Einsteins Gleichzeitigkeit und eine vom Meter? Natürlich ist das nicht der Fall! – Die Relativitätstheorie hat durchaus physikalischen Inhalt! Sie macht experimentell überprüfbare Aussagen über die Geometrie der Raum-Zeit und über das Verhalten des Lichts. Der beste Weg, den physikalischen Inhalt der Theorie hervorzuheben, besteht darin, die Aussagen über die Geometrie klar von den Aussagen über das

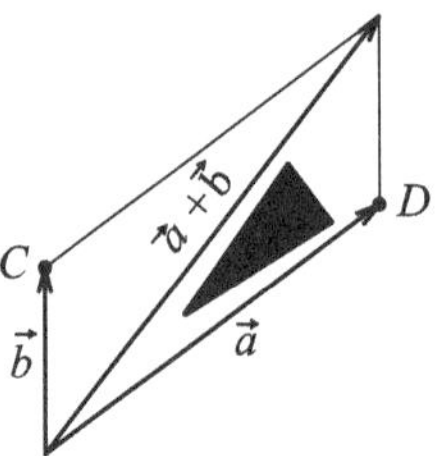

Abb. 7.8 Indirekte Messung der Entfernung zwischen zwei Punkten C und D mit Hilfe der Parallelogrammidentität. $[d(C,D)]^2 = 2|\vec{a}|^2 + 2|\vec{b}|^2 - |\vec{a}+\vec{b}|^2$. Ein Hindernis zwischen C und D verhindert die direkte Abstandsmessung

Licht zu trennen. Ein erster Schritt in diese Richtung war die Ersetzung von Einsteins Gleichzeitigkeit durch geometrische Gleichzeitigkeit. Lassen Sie uns sehen, was wir noch über die Raum-Zeit aussagen können, ohne Licht zu verwenden.

Wir haben gesehen, dass wir für bestimmte Paare von Ereignissen (die zeitlich getrennten Ereignisse) ihre zeitliche Distanz messen können. Mit diesem Distanzbegriff können wir geometrische Gleichzeitigkeit definieren und wir können Koordinaten definieren, die mit einem Inertialsystem verbunden sind. Die Längenmessungen im Raum des Bezugssystems können noch mit einem vorläufigen Standard durchgeführt werden, ohne universelle Kalibrierung. Mit den Koordinaten, die mit Inertialsystemen verbunden sind, können wir 4-Vektoren definieren. Die zeitliche Distanz von e zu f wird immer gleich der Distanz von g zu h sein, wenn die beiden Paare von Ereignissen (e,f) und (g,h) denselben 4-Vektor beschreiben. Wir können dann schreiben $\tau(\overrightarrow{ef}) = \tau(e,f)$. Wir können experimentell überprüfen, dass diese Distanz die Parallelogrammidentität erfüllt. Wenn $\vec{a}$, $\vec{b}$, $\vec{a}+\vec{b}$ und $\vec{a}-\vec{b}$ alle zeitartig sind (durch zeitlich getrennte Ereignisse gebildet), gilt

$$\left[\tau\left(\vec{a}+\vec{b}\right)\right]^2 + \left[\tau\left(\vec{a}-\vec{b}\right)\right]^2 = 2[\tau(\vec{a})]^2 + 2\left[\tau\left(\vec{b}\right)\right]^2. \tag{7.14}$$

Wenn wir in der gewöhnlichen Geometrie auf ein Hindernis zwischen zwei Punkten stoßen, das eine direkte Abstandsmessung verhindert, können wir die Parallelogrammidentität verwenden, um den Abstand indirekt zu messen (siehe Abb. 7.8).

Genauso können wir die Parallelogrammidentität verwenden, um das Quadrat der zeitlichen Distanz auf nicht zeitliche Vektoren zu erweitern. Wir definieren

$$q(\vec{a}) = [\tau(\vec{a})]^2, \quad \text{wenn } \vec{a} \text{ zeitartig ist.} \tag{7.15}$$

Für einen nicht zeitlichen Vektor $\vec{c}$ können wir zeitliche Vektoren $\vec{a}$, $\vec{b}$ suchen, so dass $\vec{a}+\vec{b}$ auch zeitlich ist und dass $\vec{c} = \vec{a}-\vec{b}$. Wir können experimentell überprüfen, dass der Wert $2q(\vec{a}) + 2q(\vec{b}) - q(\vec{a}+\vec{b})$ nur von $\vec{c}$ abhängt und nicht von der Wahl von $\vec{a}$ und $\vec{b}$. Dies ermöglicht es uns, $q(\vec{c})$ zu definieren, indem wir die

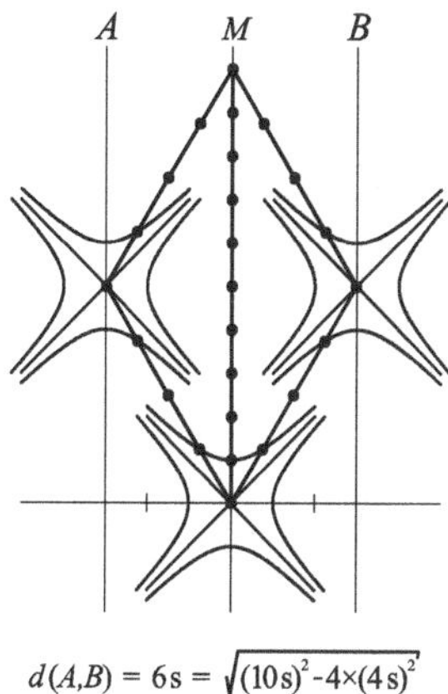

Abb. 7.9 Beispiel der Messung einer räumlichen Distanz mit Uhren

Parallelogrammidentität auf nicht zeitliche Vektoren erweitern:

$$q(\vec{c}) = 2q(\vec{a}) + 2q\left(\vec{b}\right) - q\left(\vec{a} + \vec{b}\right) . \tag{7.16}$$

Hinter dieser Konstruktion einer quadratischen Form q verbirgt sich ein äußerst überraschendes Ergebnis: Wir können räumliche Abstände mit Uhren messen! Im Prinzip könnte eine Messung eines räumlichen Abstandes folgendermaßen mit Uhren ausgeführt werden:

Stellen wir uns vor, wir markieren zwei Punkte A und B in einem Inertialsystem I. Mit einem Lineal und einem Zirkel können wir den Punkt M konstruieren, der die Strecke (A, B) halbiert. In M platzieren wir eine Atomuhr U_M im Ruhezustand. Zwei weitere Atomuhren, U_A und U_B, lassen wir gleichzeitig vom Punkt M aus starten. Bei dem Ereignis des Starts der Uhren wurden alle drei Uhren auf Null gestellt. Wir lassen die Uhren U_A und U_B zu den Punkten A und B reisen, so dass beide bei der Ankunft in den Punkten A und B die gleiche Zeit τ anzeigen. Gemäß der Definition der geometrischen Gleichzeitigkeit sind die Ereignisse a und b der Ankunft der Uhren, U_A in A und U_B in B, im Bezugssystem I gleichzeitig. Bei den Ankunftsereignissen a und b schicken wir zwei Atomuhren U'_A und U'_B zurück zum Punkt M, mit Geschwindigkeiten, so dass beide wieder die Zeit τ als Reisezeit anzeigen, wenn sie in M ankommen. Bei dem Ereignis der Ankunft der Uhren U'_A und U'_B am Punkt M wird die Uhr U_M, die in M geblieben ist, eine Zeit τ_M anzeigen. Nicht-relativistisch würden wir erwarten, dass $\tau_M = 2\tau$. Aber in Wirklichkeit würden wir beobachten, dass $\tau_M > 2\tau$. Damit können wir die Entfernung zwischen den Punkten A und B definieren als

$$d(A, B) = \sqrt{\tau_M^2 - 4\tau^2} = \sqrt{-q(a, b)} . \tag{7.17}$$

Die Abb. 7.9 zeigt ein Beispiel einer solchen Messung eines räumlichen Abstandes mit Uhren. Wir können nun experimentell überprüfen, dass dieser so definierte Abstand tatsächlich alle erwarteten Eigenschaften eines Abstands hat, und dass der

Raum eines beliebigen Inertialsystems mit diesem Abstandsbegriff die Geometrie eines euklidischen Raumes erhält. Dies ist die beobachtbare Essenz des geometrischen Teils der speziellen Relativitätstheorie. Man beachte, dass in dieser Definition des räumlichen Abstands Licht zu keinem Zeitpunkt verwendet wurde!

Mit Gl. (7.17) können wir unseren „kristallinen" Längenstandard aufgeben. Die Sekunde ist bereits ein Längenstandard! Entsprechend sind Geschwindigkeitsbeträge dimensionslos! Es stellt sich heraus, dass 1 s eine sehr große Entfernung für unsere täglichen Aufgaben ist. 1 s ist fast die Entfernung Erde-Mond. Es wäre kaum angemessen, diese Einheit zur Messung, zum Beispiel unserer Häuser, zu verwenden. Es ist daher ratsam, eine sekundäre Einheit einzuführen. Wir können die Einheit Meter definieren:

$$1\,\mathrm{m} = \frac{1\,\mathrm{s}}{299.792.458}\,. \tag{7.18}$$

Diese Gleichung hat keinen experimentellen Fehler, da es sich einfach um eine Definition einer Unterteilung der Einheit Sekunde handelt. Die Zahl 299.792.458 wurde so gewählt, dass die neue Einheit Meter sehr nahe an alten Standards liegt, die den alten Meter unabhängig von der Sekunde definierten.

Nun kehren wir zur Frage des Lichts zurück. Mit einem Zeit- und Längenstandard können wir die Lichtgeschwindigkeit messen. Innerhalb des experimentellen Fehlers würden wir feststellen, dass die Lichtgeschwindigkeit c 1 ist,

$$c = 1 \pm \text{experimentelle Unsicherheit}\,. \tag{7.19}$$

Dieses experimentelle Ergebnis wäre in allen Inertialsystemen gleich. Die Invarianz der Lichtgeschwindigkeit bleibt eine beobachtbare Tatsache. Wir könnten uns fragen, wie nahe an 1 der wahre Wert der Lichtgeschwindigkeit sein wird? Wenn c ein klein wenig von 1 abwiche, wäre es keine invariante Geschwindigkeit mehr. Nur die Geschwindigkeit 1 hat diese Eigenschaft. Dann könnten wir ein Bezugssystem finden, in dem der gemessene Wert deutlich von 1 abweicht. Aber da unsere Möglichkeit, Bezugssysteme zu wählen, in der Praxis sehr begrenzt ist, bleibt die Frage, ob c wirklich 1 ist. Tatsächlich haben wir gute Gründe zu glauben, dass der wahre Wert der Lichtgeschwindigkeit genau 1 ist! Wir haben in der Einführung gesagt, dass grundlegende Theorien immer mit Hilfe absoluter Größen in der Raum-Zeit formuliert werden sollten. Die Maxwell-Gleichungen des Elektromagnetismus können auch in dieser absoluten Form formuliert werden, in der nur geometrische Objekte verwendet werden. Aber diese absolute Formulierung der Maxwell-Gleichungen ist nur möglich, wenn die Lichtgeschwindigkeit genau den Wert 1 hat. Es wird daher angenommen, dass

$$c = 1 \quad \text{exakt}\,. \tag{7.20}$$

Die internationale Definition des Meters basiert auf dieser Annahme. Tatsächlich wäre es äußerst schwierig, Entfernungen mit guter Genauigkeit nur mit Atomuhren zu messen, ohne Licht zu verwenden. Gl. (7.17) ist die grundlegende Basis für räumliche Abstände. Aber für praktische Messungen ist es viel einfacher zu überprüfen, welche Entfernung das Licht in der Zeit von $(299.792.458)^{-1}$ s zurücklegt. Die Situation ähnelt ein wenig der Definition der absoluten Temperaturskala. Die absolute Temperatur ist mit dem zweiten Hauptsatz der Thermodynamik definiert. Aber in der Praxis würden wir dieses grundlegende Gesetz normalerweise nicht zur Messung absoluter Temperaturen verwenden. Wir würden ein ideales Gas-Thermometer verwenden und können darauf vertrauen, dass dies zur gleichen Temperaturskala führt. Mit Gl. (7.20) können wir die Faktoren c in allen Gleichungen weglassen. Aber um das Leben der Leser zu erleichtern, die die Einheit Meter noch als eine von der Sekunde unabhängige Einheit behandeln möchten, werden wir c an den entsprechenden Stellen weiterhin schreiben.

Übungen

Ü.7.1 Abb. 7.2 verwendet den gleichen Skalenfaktor auf den t- und x-Achsen, d. h., die Länge l und die Zeit $t = l/c$ werden durch das gleiche Intervall auf den Achsen dargestellt. Wie würde Abb. 7.2 aussehen, wenn wir auf der x-Achse Zentimeter als Zentimeter und auf der t-Achse Sekunden als Zentimeter darstellen?

Ü.7.2 Bei der Methode zur Messung des räumlichen Abstands zwischen zwei Punkten A und B mit Uhren wurden fünf Uhren U_M, U_A, U_B, U_A' und U_B' verwendet. Zeichnen Sie die Weltlinien der fünf Uhren und der Punkte A, B und M. Drücken Sie den Betrag der Geschwindigkeit der Uhren U_A, U_B, U_A' und U_B' relativ zum Bezugssystem I durch $d(A, B)$ und τ_M aus.

Ü.7.3 Die Methode zur Messung von Entfernungen mit Uhren (Gl. (7.17)) wäre in der Praxis wirklich nicht durchführbar. Nehmen wir an, die Uhren haben eine feste relative Ungenauigkeit $\delta\tau/\tau = \rho =$ konstant. Verwenden Sie Gl. (7.17) und schreiben Sie den relativen Fehler der Entfernung $d(A, B)$ als Funktion von ρ und dem Betrag der Geschwindigkeit der Uhren U_A, U_B, U_A' und U_B' relativ zum Bezugssystem I. Verwenden Sie, dass in der Praxis $\tau_M \approx 2\tau$ (größenordnungsmäßig). Welchen minimalen Wert muss diese Geschwindigkeit haben, um die Entfernung mit einem relativen Fehler $\delta d/d = 10^{-6}$ messen zu können, vorausgesetzt $\rho = 10^{-8}$? Die Schwierigkeit, eine gute Genauigkeit zu erreichen, kann in Analogie zur euklidischen Geometrie verstanden werden: Stellen Sie sich Abb. 7.8 mit einem Abstand von 1 cm zwischen den Punkten C und D und einem Betrag von 10 km des Vektors $\vec{a} + \vec{b}$ vor. Was wäre in diesem Fall die Schwierigkeit, die Entfernung zwischen C und D mit der Methode der Parallelogrammidentität zu messen?

Ü.7.4: (für Mathematiker) Wir haben gesehen, dass die Raum-Zeit durch die Relation „später als" halb geordnet ist. Ist die Raum-Zeit ein Verband? Eine Halbordnung $\preceq$ in einer Menge M wird als Verband bezeichnet, wenn für jedes $a \in M$ und $b \in M$ in der Menge

$$S_{ab} = \{c \in M | a \preceq c \wedge b \preceq c\}$$

ein minimales Element existiert, das heißt ein $s \in S_{ab}$ so dass $s \preceq c$ für alle $c \in S_{ab}$. Das Symbol $\preceq$ bedeutet $\prec \ \vee \ =$.

Ü.7.5 Wir haben zwei quadratische Formen definiert: Q und q. Was ist der Unterschied zwischen Q und q?

8 Der Doppler-Effekt und die relativistische Lichtaberration

Man stelle sich eine ebene Welle vor, die in der Koordinatenbeschreibung eines Inertialsystems I die folgende Form hat;

$$E(t, x, y, z) = E_0 \cos\bigl(k_x x + k_y y + k_z z - \omega t + \varphi_0\bigr) \,. \tag{8.1}$$

Was wird der Wellenvektor $\vec{k}'$ und die Kreisfrequenz ω' dieser Welle für einen Beobachter in einem anderen Inertialsystem I' sein? Wir sind an einer elektromagnetischen Welle interessiert. Aber wir könnten auch an eine Welle auf der Wasseroberfläche denken (indem wir z aus dem Kosinus-Argument entfernen). Stellen wir uns also eine ebene Welle auf der Meeresoberfläche vor. Plötzlich taucht eine Möwe ein und fängt einen Fisch. Ob dieses Ereignis auf einem Wellenkamm oder in einem Tal stattfand, hängt sicherlich nicht davon ab, ob wir die Szene still am Strand stehend oder von einem Hochgeschwindigkeitsjet aus beobachten. Die Wellenphase muss daher eine absolute Funktion in der Raum-Zeit sein. Dann hängt die Zahl

$$\varphi(e) = k_x x + k_y y + k_z z - \omega t + \varphi_0 \tag{8.2}$$

in eindeutiger Weise nur vom Ereignis e ab, das in der Beschreibung des Inertialsystems I die Koordinaten t, x, y, z hat. Wenn wir das Inertialsystem wechseln, ändern sich die Werte t, x, y, z, aber $\varphi(e)$ darf sich nicht ändern. Dann müssen die Werte von ω, k_x, k_y, k_z entsprechend geändert werden, um $\varphi(e)$ konstant zu halten. Um dieses Transformationsgesetz zu erraten, erinnern wir uns daran, dass das Skalarprodukt von 4-Vektoren

$$\vec{a} \cdot \vec{b} = a_0 b_0 - a_1 b_1 - a_2 b_2 - a_3 b_3$$

invariant ist. Wenn wir in einem anderen Referenzsystem I' das gleiche Ursprungsereignis e_0 wählen, transformieren sich die Koordinaten (ct), x, y, z wie die Kom-

B. Lesche, *Relativitätstheorie*, https://doi.org/10.1007/978-3-662-73561-9_8

ponenten eines 4-Vektors:

$$\begin{pmatrix} ct' \\ x' \\ y' \\ z' \end{pmatrix} = \begin{pmatrix} \gamma & -\beta\gamma & 0 & 0 \\ -\beta\gamma & \gamma & 0 & 0 \\ 0 & 0 & 1 & 0 \\ 0 & 0 & 0 & 1 \end{pmatrix} \begin{pmatrix} ct \\ x \\ y \\ z \end{pmatrix} . \tag{8.3}$$

(ct), x, y, z sind die Komponenten des 4-Vektors $\overrightarrow{e_0, e}$, wobei e_0 das Ursprungsereignis der Koordinaten ist. Offensichtlich kann der Ausdruck $k_x x + k_y y + k_z z - \omega t$ als Skalarprodukt geschrieben werden

$$k_x x + k_y y + k_z z - \omega t = k_x x + k_y y + k_z z - \frac{\omega}{c} ct = -\vec{K} \cdot \left(\overrightarrow{e_0 e}\right) \tag{8.4}$$

mit dem 4-Wellenvektor

$$\vec{K} = \begin{pmatrix} \omega/c \\ k_x \\ k_y \\ k_z \end{pmatrix}_I . \tag{8.5}$$

Die Invarianz der Phase ist dann gewährleistet, wenn wir ω/c, k_x, k_y, k_z wie die Komponenten eines 4-Vektors transformieren:

$$\begin{pmatrix} \omega'/c \\ k'_x \\ k'_y \\ k'_z \end{pmatrix}_{I'} = \begin{pmatrix} \gamma & -\beta\gamma & 0 & 0 \\ \beta\gamma & \gamma & 0 & 0 \\ 0 & 0 & 1 & 0 \\ 0 & 0 & 0 & 1 \end{pmatrix} \begin{pmatrix} \omega/c \\ k_x \\ k_y \\ k_z \end{pmatrix}_I . \tag{8.6}$$

Im Falle einer elektromagnetischen Welle im Vakuum wird die Schwingungsfrequenz der Wellenquelle identisch sein mit der Frequenz der Welle, die im Ruhesystem der Quelle beobachtet wird. Wenn wir dieses System als das Inertialsystem I wählen und das Inertialsystem I' als das Ruhesystem eines Beobachters, erhalten wir mit Gl. (8.6) den Doppler-Effekt. Gl. (8.6) beschreibt auch die Änderung der Ausbreitungsrichtung des Lichtes bei einem Wechsel des Bezugssystems. Dieser Effekt wird als relativistische Lichtaberration bezeichnet (nicht zu verwechseln mit den Aberrationen optischer Systeme!). Dieser Effekt ist in der Astronomie bemerkenswert. Aufgrund der Bewegung der Erde um die Sonne scheint der Sternenhimmel sich ein wenig mit einer Periode von einem Jahr zu verschieben. Nicht relativistisch wäre der Doppler-Effekt abwesend, wenn wir den Wellenvektor $\vec{k}$ senkrecht zur relativen Geschwindigkeit hätten. In der Übungsliste gibt es die Aufgabe zu zeigen, dass dies relativistisch anders ist. Dieser Fall wird als transversaler Doppler-Effekt bezeichnet. Die Gl. (8.6) ermöglicht die Berechnung des Doppler-Effekts. Nun werden wir ohne Berechnungen den Doppler-Effekt anschaulich erklären. Wir können die Phase einer ebenen Welle in der Raum-Zeit genauso darstellen, wie wir die Phase im Raum für eine feste Zeit darstellen, indem wir Wellenfronten

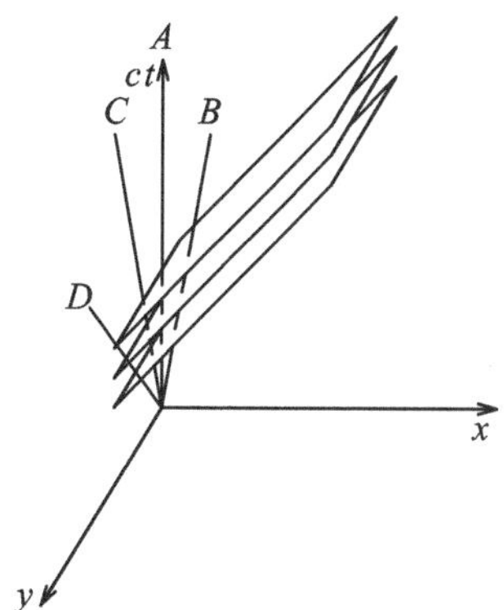

Abb. 8.1 Wellenfronten in der Raum-Zeit und Weltlinien von vier Beobachtern. Beobachter A steht still im Bezugssystem, B bewegt sich in die gleiche Richtung wie die Welle, C in die entgegengesetzte Richtung und D senkrecht zur Welle

verwenden. Das heißt, wir können die Menge der Ereignisse zeichnen, bei denen der Phasenwert ein ganzzahliges Vielfaches von 2π ist. Dies führt zu einer Menge von Ebenen (dreidimensionalen Ebenen in der vierdimensionalen Raum-Zeit), die gleich weit voneinander entfernt und parallel sind. Abb. 8.1 zeigt Wellenfronten in der Raum-Zeit und Weltlinien von vier Beobachtern. Die Welle breitet sich in Richtung x aus. Beobachter A steht still im gewählten Bezugssystem, Beobachter B bewegt sich in Richtung x, C in Richtung $-x$ und Beobachter D bewegt sich in Richtung y.

Abb. 8.2 zeigt die Situation in der (ct)-x-Ebene. Die von einem Beobachter gemesse Periode der Welle ist die zeitliche Distanz zwischen zwei aufeinanderfolgenden Durchdringungen seiner Weltlinie durch die Wellenfronten. Um diese Perioden vergleichen zu können, zeigen wir in Abb. 8.2 eine Hyperbel, die die Ereignisse mit zeitlicher Distanz vom Ursprung gleich der von Beobachter A beobachteten Wellenperiode darstellt. Wie wir sehen können, wird die Periode für Beobachter B größer sein als die Periode für Beobachter A, und für Beobachter C wird sie kleiner sein. Abb. 8.3 zeigt die Situation der Beobachter A und D in der (ct)-y-Ebene, was den transversalen Doppler-Effekt erklärt.

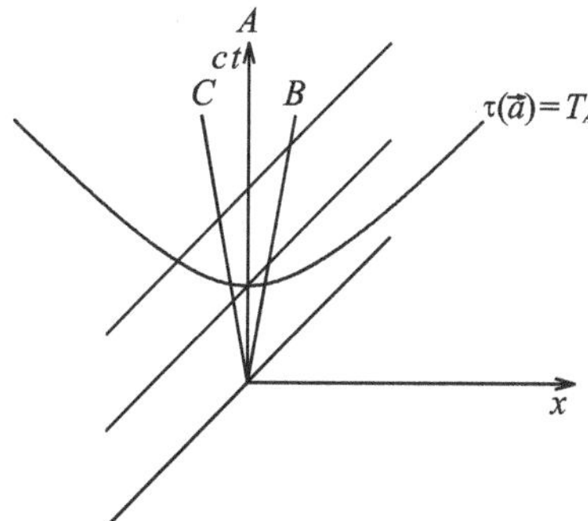

Abb. 8.2 Longitudinaler Doppler-Effekt

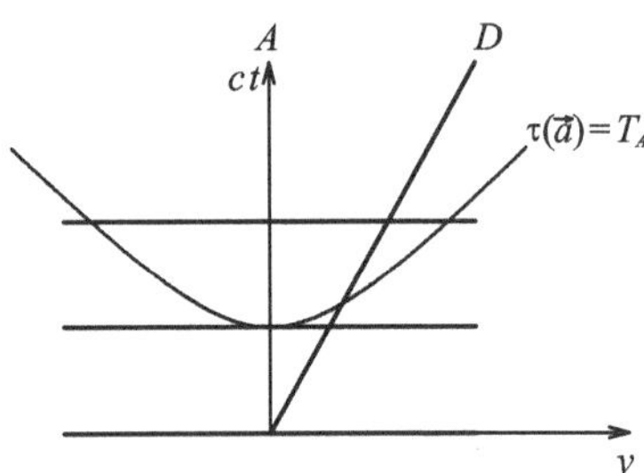

Abb. 8.3 Transversaler Doppler-Effekt

Übungen

Ü.8.1 In einem Bezugssystem I wird eine ebene elektromagnetische Welle beobachtet, die sich im Vakuum in einer Richtung der Ebene xy ausbreitet, die einen Winkel θ mit der Achse x bildet. Die Wellenlänge beträgt $\lambda_0 = 500\,\text{nm}$. a) Berechnen Sie den Wellenvektor $\vec{k}_0$ und die Kreisfrequenz ω_0 dieser Welle. b) Berechnen Sie den Wellenvektor $\vec{k}'$ und die Kreisfrequenz ω' dieser Welle in einem Bezugssystem I', das sich mit einer Geschwindigkeit $u = 300\,\text{km/s}$ in Richtung x relativ zu I bewegt.

Ü.8.2 Die Aberration eines sehr weit entfernten Sterns, dessen mittlere Position über ein Jahr hinweg senkrecht zur Ebene der Erdumlaufbahn gesehen wird, beträgt 20,5 Bogensekunden ($= 20{,}5 \times 2\pi/(360 \times 60 \times 60)$). Verwenden Sie diese Angabe und die bekannte Dauer eines Jahres, um den Radius der Erdumlaufbahn abzuschätzen.

Ü.8.3 Eine Wolke aus Wasserstoffgas H (atomar und nicht molekular) emittiert eine bestimmte Spektrallinie mit der Frequenz ω_0. Das Gas hat eine Temperatur von 2000 K. Die thermische Bewegung, die dieser Temperatur entspricht, führt dazu, dass die beobachtete Spektrallinie eine Breite $\delta\omega$ um den Wert ω_0 hat. Unter der Annahme, dass die Komponente der Geschwindigkeit der Atome in Beobachtungsrichtung x im quadratischen Mittel der Beziehung $\frac{k}{2}T = \frac{m}{2}\langle v_x^2\rangle$ folgt ($k =$ Boltzmann-Konstante, $T =$ Temperatur und $m =$ Masse des Atoms), schätzen Sie die Größenordnung der relativen Breite der Spektrallinie, d. h. $\delta\omega/\omega$.

9 Die Eigenzeit

Der Schlüssel zur Geometrie der Raum-Zeit ist die zeitliche Distanz. Wir haben dieser Größe den Namen Distanz gegeben, weil die Art und Weise, wie man eine Uhr an zwei Ereignissen „anlegt", sehr ähnlich ist, wie man Messstäbe an Paaren von Punkten anlegt. Aber hat die zeitliche Distanz auch die mathematischen Eigenschaften einer Distanz? Mathematiker fordern von einer Distanz die folgenden Eigenschaften:

$$d(A,B) \geq 0 \,, \tag{9.1}$$

$$d(A,B) = d(B,A) \,, \tag{9.2}$$

$$d(A,B) = 0 \quad \Leftrightarrow \quad A = B \,, \tag{9.3}$$

$$d(A,B) + d(B,C) \geq d(A,C) \,. \tag{9.4}$$

Die Bedingung (9.4) wird Dreiecksungleichung genannt. Zeitliche Distanzen erfüllen die Bedingungen (9.1) und (9.2), wenn wir die zeitliche Distanz als den Betrag der Differenz der Zeitmarkierungen beim Durchlaufen der Ereignisse definieren. Die Bedingung (9.3) gilt auch, wenn wir uns auf Paare von Ereignissen beschränken, die mit Uhren gemessen werden können (d. h. wir schließen e_2 auf dem Lichtkegel von e_1 aus). Gilt die Dreiecksungleichung? Ja, eine Dreiecksungleichung gilt, aber nicht die (9.4)! Stattdessen gilt die umgekehrte Dreiecksungleichung:

$$\tau(a,b) + \tau(b,c) \leq \tau(a,c) \,. \tag{9.5}$$

In dieser Beziehung ist b ein zeitlich zwischen den Ereignissen a und c liegendes Ereignis, d. h., b ist später als a und früher als c (oder früher als a und später als c). In den Übungen haben wir die Aufgabe, diese Ungleichung zu beweisen. Die Abb. 9.1 zeigt ein Beispiel dieser Dreiecksungleichung. Nicht-relativistisch würde eine Gleichheit gelten. Daher drückt der Fall der Ungleichung eine Eigenschaft der Relativitätstheorie aus. Als nächstes werden wir sehen, dass diese Dreiecksungleichung in gewisser Weise „sympathischer" ist als die übliche (9.4). Wir werden dies bei der Definition von Kurvenlängen sehen: Wir möchten den Begriff des Alters

B. Lesche, *Relativitätstheorie*, https://doi.org/10.1007/978-3-662-73561-9_9

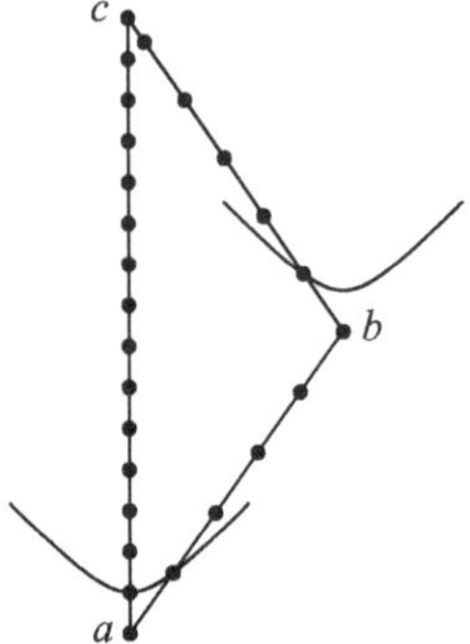

Abb. 9.1 Dreiecksungleichung. 5,00 s + 5,42 s < 15,00 s

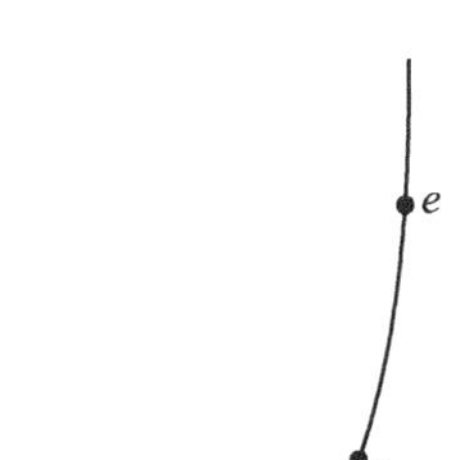

Abb. 9.2 Weltlinie eines Objekts, das beim Ereignis e_* ins Dasein gebracht wurde. Was ist die angemessene Definition des Alters des Objekts bei einem Ereignis e seiner Existenz?

definieren. Das Alter einer Person oder eines Objekts – eines Teilchens – das ab einem bestimmten Ereignis (der Geburt im Falle der Person) existiert, sollte nur eine Eigenschaft dieses Objekts sein und sollte nicht von einer willkürlichen Wahl eines Bezugssystems abhängen. Daher eignet sich sicherlich eine Differenz von Werten einer Zeitkoordinate nicht als Definition. Die zeitliche Distanz zwischen dem Geburtsereignis e_* und dem gegenwärtigen Ereignis e ist ebenfalls nicht geeignet, da dieser Altersbegriff nicht additiv wäre. Wenn seit meinem zwanzigsten Geburtstag 40 Jahre vergangen sind, können wir schließen, dass ich derzeit 60 Jahre alt bin. Aufgrund der Dreiecksungleichung (9.5) hat die zeitliche Distanz nicht diese additive Eigenschaft. Mit dem absoluten Begriff der zeitlichen Distanz ist die angemessene Definition des Alters offensichtlich. Das Alter sollte die Länge der Weltlinie zwischen dem Geburtsereignis e_* und dem gegenwärtigen Ereignis e sein, bei dem wir das Alter wissen wollen (vgl. Abb. 9.2).

Die Definition der Länge von Raumkurven und Weltlinien ist völlig analog. Im Raum könnten wir die Längen von Kurven mit flexiblen Maßbändern (wie sie von Schneidern verwendet werden) messen und vernünftige Ergebnisse erzielen. Aber diese flexiblen Maßbänder sind sicherlich nicht zuverlässig genug, um darauf eine Definition zu basieren. Ebenso könnten wir die Längen von Weltlinien mit Atomuhren messen, die der Weltlinie folgen, genauso wie das Maßband des Schneiders der Raumkurve folgt. Wenn die Weltlinie keine übermäßigen Beschleunigungen aufweist, wären die Ergebnisse sogar akzeptabel. Aber diese Methode wäre nicht zuverlässig genug, um darauf eine Definition zu basieren, da die Atomuhr im Falle von gekrümmten Linien nicht frei von externen Kräften wäre. Wir können die Längen von Kurven und Weltlinien auf die gleiche Weise definieren, wie folgt:

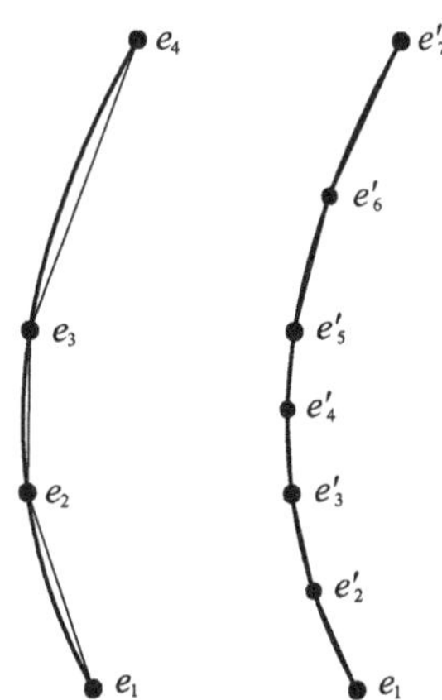

Abb. 9.3 Partition und Unterteilung der Partition einer Kurve

Man wählt N aufeinanderfolgende Punkte (Ereignisse) auf der Kurve (auf der Weltlinie), wobei Punkt Nummer 1 der Anfang der Kurve und Punkt Nummer N das Ende ist. Man misst die Distanz (zeitlichen Distanz) zwischen aufeinanderfolgenden Punkten (Ereignissen), wie in Abb. 9.3 angedeutet. Aus diesen Werten bildet man ihre Summe

$$l_N = \sum_{k=1}^{N-1} d(P_k, P_{k+1}) \qquad \tau_N = \sum_{k=1}^{N-1} \tau(e_k, e_{k+1}) \,. \tag{9.6}$$

Die Partition der Kurve in N Punkte gibt nur eine grobe Schätzung ihrer Länge. Um diese Schätzung zu verbessern, müssen wir diese Partition in immer kürzere Schritte unterteilen. Mit der Dreiecksungleichung (9.4) wissen wir, dass eine Unterteilung einer Partition in kürzere Schritte nur den Wert der Summe l_N erhöhen (oder konstant halten) kann. Daher definiert man die Länge einer Kurve als das Supremum der Summen l_N (der kleinste Wert, der größer oder gleich allen l_N's ist):

$$l = \sup(l_N) \,. \tag{9.7}$$

Mit der umgekehrten Dreiecksungleichung (9.5) wissen wir, dass im Fall der Weltlinie eine Unterteilung nur den Wert der Summe τ_N verringern (oder konstant halten) kann. Entsprechend definieren wir die Länge einer Weltlinie als das Infimum aller möglichen Summen:

$$\tau = \inf(\tau_N) \,. \tag{9.8}$$

$\inf(\tau_N)$ ist der größte Wert, der kleiner oder gleich allen möglichen τ_N's ist. Vergleicht man die Definitionen (9.7) und (9.8), so stellt man fest, dass die Dreiecksungleichung der zeitlichen Distanzen (9.5) „freundlicher" ist als die gewöhnliche Dreiecksungleichung. Da $\tau_N \geq 0$ ist, liefert die Definition (9.8) immer einen wohldefinierten Wert. Es gibt jedoch Kurven im Raum (zum Beispiel fraktale Kurven), für die die Länge nicht wohldefiniert ist; $l = \sup(l_N) = \infty$.

Das Alter des Objekts beim Ereignis e wäre die Länge τ der Weltlinie zwischen dem Geburtsereignis e_* und dem Ereignis e. Dieser Wert, betrachtet als Funktion des Ereignisses e, wird als **Eigenzeit** des Objekts bezeichnet. Im Fall, dass das Objekt keinen wohldefinierten Geburtszeitpunkt hat, können wir willkürlich ein Ereignis e_* auf seiner Weltlinie festlegen, von dem aus wir die Eigenzeit zählen; für Ereignisse e vor e_* können wir die Eigenzeit als das Negative der Länge der Weltlinie zwischen den Ereignissen e und e_* definieren. Auf diese Weise bildet die Eigenzeit eines Teilchens eine Zeitskala entlang seiner Weltlinie. Betrachten wir, wie man die Länge einer Kurve (Weltlinie) mathematisch bestimmt. Wir können die Kurve (Weltlinie) parametrisch beschreiben

$$\begin{matrix} \{x = x(\xi), y = y(\xi), z = z(\xi)\} \\ \{t = t(\xi), x = x(\xi), y = y(\xi), z = z(\xi)\} \end{matrix} , \tag{9.9}$$

mit einem Parameter ξ, der ein Intervall $[\xi_1, \xi_2]$ durchläuft. Die Distanz (zeitliche Distanz) in Bezug auf die Differenzen (Δ) der Koordinaten war

$$\begin{aligned} d &= \sqrt{(\Delta x)^2 + (\Delta y)^2 + (\Delta z)^2} \\ \tau &= \tfrac{1}{c}\sqrt{(c\Delta t)^2 - (\Delta x)^2 - (\Delta y)^2 - (\Delta z)^2} \end{aligned} . \tag{9.10}$$

Wir können Sequenzen von Partitionen finden, so dass die Summen l_N (τ_N) gegen das Supremum l (Infimum τ) konvergieren. Das Grenzverfahren führt zu einem Integral:

$$l = \int_{\xi_1}^{\xi_2} \sqrt{\left(\frac{dx}{d\xi}\right)^2 + \left(\frac{dy}{d\xi}\right)^2 + \left(\frac{dz}{d\xi}\right)^2}\, d\xi \tag{9.11}$$

und im Fall der Weltlinie

$$\tau = \frac{1}{c}\int_{\xi_1}^{\xi_2} \sqrt{\left(\frac{dct}{d\xi}\right)^2 - \left(\frac{dx}{d\xi}\right)^2 - \left(\frac{dy}{d\xi}\right)^2 - \left(\frac{dz}{d\xi}\right)^2}\, d\xi\ . \tag{9.12}$$

Oft ist es praktisch, die Koordinatenzeit t als Parameter der Weltlinie zu verwenden. In diesem Fall haben wir $d(ct)/dt = c$ und $dx/dt = v_x$, $dy/dt = v_y$, $dz/dt = v_z$, und τ nimmt die folgende Form an

$$\tau = \int_{t_*}^{t} \sqrt{1 - \frac{\vec{v}^{\,2}}{c^2}}\, dt'\ . \tag{9.13}$$

Für die Differenz der Eigenzeit zwischen zwei infinitesimal nahen Ereignissen erhalten wir insbesondere

$$\delta\tau = \sqrt{1 - \frac{\vec{v}^{\,2}}{c^2}}\, \delta t\ . \tag{9.14}$$

Für $|\vec{v}| > 0$ ist der Faktor unter der Quadratwurzel kleiner als 1 und in diesem Fall haben wir $|\delta\tau| < |\delta t|$. Diese Ungleichheit wird üblicherweise als *Zeitdilatation* interpretiert. Diese Interpretation ist sehr unglücklich. $\delta\tau$ und δt sind einfach zwei verschiedene physikalische Größen, die offensichtlich im Allgemeinen nicht gleich sein können – $\delta\tau$ ist eine Distanz und δt ist ein Koordinatendifferenz. In der gewöhnlichen Geometrie spricht niemand von einer Raumkontraktion, weil der Betrag des Koordinatendifferenz x zweier Punkte, A und B, im Allgemeinen kleiner ist als die Distanz zwischen den Punkten: $|x_A - x_B| \leq d(A, B)$.

Die geometrische Natur des Alters hat merkwürdige Folgen: Zwillinge haben nicht unbedingt das gleiche Alter. Stellen wir uns vor, zwei Zwillinge verabschieden sich beim Start eines Raumschiffes. Einer steigt in das Schiff und reist mit hoher Geschwindigkeit (zum Beispiel $v = 0{,}99\,c$) zu einem anderen Stern. Nach einigen Jahren der Reise kehrt er mit der gleichen Geschwindigkeit zur Erde zurück und trifft seinen Zwillingsbruder wieder. Da die beiden Weltlinien, die sich zwischen dem Abschieds- und dem Wiedersehensereignis erstrecken, unterschiedlich sind, werden die Alter der Zwillinge unterschiedlich sein. Um den genauen Altersunterschied zu ermitteln, müssten wir das Integral (9.13) für beide Fälle berechnen. Aber auch ohne Berechnung können wir qualitativ sagen, welcher der beiden bei der Wiederbegegnung jünger sein würde. In der Dreiecksungleichung (9.5) gilt die Gleichheit nur, wenn der Zwischenpunkt auf der geraden Linie zwischen den Endpunkten liegt. In allen anderen Fällen gilt die Ungleichheit. Wir können daher schlussfolgern, dass die gerade Weltlinie die längste Verbindung zwischen zwei Ereignissen ist. Daher wird der Zwilling, dessen Weltlinie der eines freien Teilchens am ähnlichsten ist, der ältere sein. In dem beschriebenen Fall wäre der auf der Erde gebliebene Bruder bei der Wiederbegegnung der ältere.

Wiederum finden wir in der Literatur unangemessene Interpretationen dieses Zwillingsparadoxons. Man findet Sätze wie: „Die Zeit für den Bruder in der Rakete vergeht langsamer" oder „Die Uhr des Bruders in der Rakete geht langsamer". Diese Interpretation der *Zeitdilatation* verwirrt: Wenn die Zeit sich ausdehnt, worauf können wir dann vertrauen? Wie steht es um die absolute Definition der Sekunde? Um die Situation klar zu sehen, betrachten wir das Analogon der Kurvenlängen. Abb. 9.4 zeigt zwei Wege zwischen den Punkten A und C im euklidischen Raum. Offensichtlich ist der direkte Weg A, C kürzer als der Weg A, B, C. Niemand würde dieser einfachen Tatsache die absurde Interpretation geben, dass die Zentimeter auf dem Weg A, B, C kleiner sind und deshalb mehr Zentimeter auf diesen Weg passen. Die Zentimeter sind die gleichen – und die Sekunden auch! Die Wege und Weltlinien sind unterschiedlich, und es ist nicht überraschend, dass ihre Längen unterschiedlich sein werden.

Das Zwillingsparadoxon wurde experimentell mit in Flugzeugen transportierten Atomuhren beobachtet. In diesen Experimenten muss man in der theoretischen Analyse auch gravitative Effekte berücksichtigen, wie wir später sehen werden. Jedenfalls stimmen die experimentellen Daten innerhalb des experimentellen Fehlers mit der theoretischen Vorhersage überein.

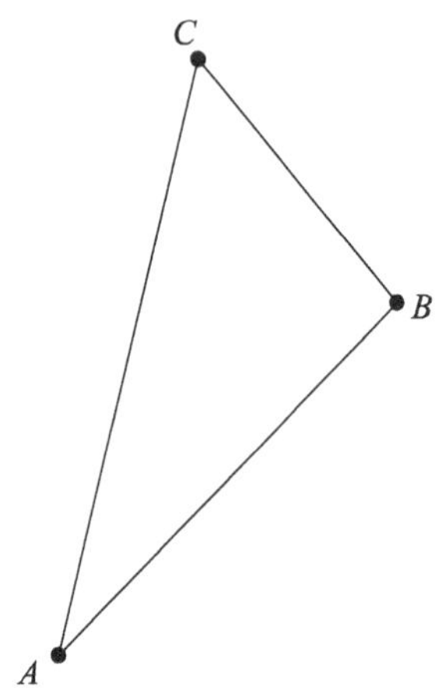

Abb. 9.4 Euklidisches Analogon zum Zwillingsparadoxon. Zwei Wege im euklidischen Raum zwischen den Punkten A und C. Der Weg A, B, C ist länger als der direkte Weg A, C, aber die Zentimeter auf diesem Weg sind die gleichen

Übungen

Ü.9.1 Beweisen Sie die Dreiecksungleichung (9.5) ausgehend vom Ausdruck für die zeitliche Distanz (5.8).

Ü.9.2 Zeigen Sie mit Gegenbeispielen, dass für die räumliche Trennung von räumlich getrennten Ereignissen keine Art von Dreiecksungleichung gilt (weder die normale noch die umgekehrte). Wir können jedoch die gewöhnliche Dreiecksungleichung für räumlich getrennte Ereignisse erhalten, wenn wir zusätzliche Einschränkungen bei der Auswahl der drei Ereignisse auferlegen. Welche Einschränkungen führen zur gewöhnlichen Dreiecksungleichung?

Ü.9.3 Ein Myon wird durch eine kosmische Strahlung in einer Höhe von $z_P = 20.000\,\text{m}$ über dem Meeresspiegel erzeugt. Das Myon reist mit einer Geschwindigkeit von $v = 0{,}99955\,c$ senkrecht nach unten. Nach $2 \cdot 10^{-6}\,\text{s}$ (Eigenzeit des Myons) zerfällt das Myon. Berechnen Sie die Höhe z_D über dem Meeresspiegel, an der der Zerfall stattfindet. Empfehlung: Verwenden Sie nicht die Lorentz-Transformationen. Beginnen Sie, indem Sie die zeitlichen Distanz zwischen der Erzeugung des Myons und dem Zerfall des Myons mit Gl. (5.8) aufschreiben.

Ü.9.4 Ein 40,0 Jahre alter Astronaut steigt in ein Raumschiff und reist mit $v = 0{,}900\,c$ zu einem Stern, der 10,0 Lichtjahre von der Erde entfernt ist. Nachdem er ein Jahr auf dem Stern verbracht hat, kehrt er mit der gleichen Geschwindigkeit zurück. Vernachlässigen Sie die Beschleunigungs- und Bremszeiten, berechnen Sie das Alter des Astronauten bei seiner Rückkehr zur Erde. Berechnen Sie auch das Alter des Zwillingsbruders, der auf der Erde geblieben ist (wobei die Erde annähernd als Inertialsystem behandelt und alle gravitativen Effekte vernachlässigt werden).

Ü.9.5: Zwei Zwillinge verabschieden sich beim Start eines Raumschiffs. Der Bruder A reist mit annähernd konstanter Geschwindigkeit zu einem weit entfernten Stern. Jahre später vermisst der auf der Erde gebliebene Bruder B seinen Bruder und reist ebenfalls zu diesem Stern. Die Rakete des Bruders B ist schneller als die Rakete von A, so dass beide gleichzeitig beim Stern ankommen. Wer von beiden wird bei der Ankunft älter sein?

Ü.9.6 a) Betrachten Sie die eindimensionale Bewegung, die durch die Zeitfunktion $x(t) = \sqrt{l^2 + c^2t^2}$ beschrieben wird, wobei l eine Konstante ist. Zeigen Sie, dass die Beschleunigung im momentanen Ruhesystem zeitlich konstant ist und den Wert c^2/l hat. b) Ein Gesundheitsproblem für Astronauten ist die Abwesenheit von Schwerkraft. Wenn wir eine riesige Energiequelle zur Verfügung hätten, könnten wir eine Rakete bauen, die während der ersten Hälfte einer interstellaren Reise beschleunigt, mit einer Beschleunigung von $g \approx 10\,\mathrm{m\,s^{-2}}$ und während der zweiten Hälfte der Reise mit dem gleichen Wert abbremst. Auf diese Weise hätte der Astronaut das Gefühl, die übliche Schwerkraft zu haben und gleichzeitig könnten wir hohe Geschwindigkeiten erreichen. Berechnen Sie, wie sehr der Astronaut während einer Reise mit dieser Rakete zu einem Stern, der 10 Lichtjahre entfernt ist, altern würde. (Betrachten Sie $1\,\mathrm{a} \approx 3 \cdot 10^7\,\mathrm{s}$ und $c \approx 3 \cdot 10^8\,\mathrm{m/s}$.)

Der 4-Impuls 10

Das erste Postulat der Relativitätstheorie besagt:

I) Die Gesetze der Physik sind die gleichen für Beobachter in jedem Inertialsystem.

Der beste Weg, um die Gültigkeit dieses Postulats zu gewährleisten, besteht darin, die grundlegenden Gesetze der Natur mit Größen zu formulieren, die einfach unabhängig von der Wahl eines Bezugssystems sind. In der Einleitung haben wir erwähnt, dass dieses Prinzip ein Leitfaden für die Formulierung von Theorien ist. Leider können wir hier keine Beispiele für Theorien elementarer Teilchen behandeln, und selbst die invariante Formulierung des Elektromagnetismus übersteigt die Möglichkeiten dieser Einführung. Aber wir können zumindest das zweite Newtonsche Gesetz als Beispiel verwenden. Wir wollen also das zweite Newtonsche Gesetz invariant formulieren.

Das zweite Newtonsche Gesetz kann in der Form $d\vec{p}/dt = \vec{F}$ geschrieben werden. In dieser Form verwendet es Größen, die von der Wahl des Bezugssystems abhängen. Wir werden zunächst sehen, welche absolute Größe den linearen Impuls $\vec{p} = m\vec{v}$ ersetzen könnte. Die Geschwindigkeit $\vec{v}$ hängt von der Wahl des Bezugssystems ab. Wir haben gesehen, dass die Eigenzeit eines Teilchens absolut ist. Der Integrand und die Grenzen des Integrals der Gl. (9.13) hängen von der Wahl des Bezugssystems ab, aber der Wert des Integrals ist unabhängig von dieser Wahl. Wenn wir eine Eigenzeit $\delta\tau$ vergehen lassen, markieren wir zwei Ereignisse $e(\tau)$ und $e(\tau + \delta\tau)$ auf der Weltlinie des Teilchens. Der Vektor $\overrightarrow{e(\tau)\, e(\tau + \delta\tau)}$ ist unabhängig von der Wahl des Bezugssystems. Mit dieser Art von Vektor können wir einen Begriff der absoluten Geschwindigkeit definieren:

$$\vec{V} = \lim_{\delta\tau \to 0} \frac{\overrightarrow{e(\tau)\, e(\tau + \delta\tau)}}{\delta\tau} . \tag{10.1}$$

Sie wird 4-Geschwindigkeit genannt. Wenn wir ein Bezugssystem wählen, können wir dieses invariante Objekt mit Komponenten ausdrücken, die von der Wahl des

B. Lesche, *Relativitätstheorie*, https://doi.org/10.1007/978-3-662-73561-9_10

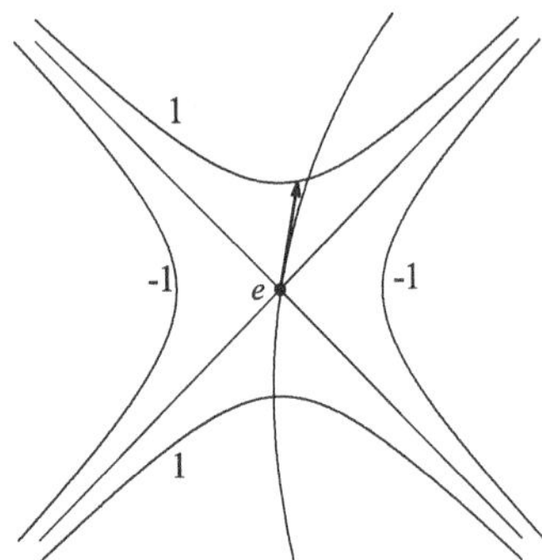

Abb. 10.1 Weltlinie mit 4-Geschwindigkeit beim Ereignis *e*

Bezugssystems abhängen:

$$\vec{V} = \frac{d}{d\tau}\begin{pmatrix} ct \\ x \\ y \\ z \end{pmatrix}_I . \tag{10.2}$$

Mit der Gl. (9.14) erhalten wir dann

$$\vec{V} = \frac{d}{d\tau}\begin{pmatrix} ct \\ x \\ y \\ z \end{pmatrix}_I = \frac{1}{\sqrt{1-\vec{v}^2/c^2}}\frac{d}{dt}\begin{pmatrix} ct \\ x \\ y \\ z \end{pmatrix}_I = \frac{1}{\sqrt{1-\vec{v}^2/c^2}}\begin{pmatrix} c \\ v_x \\ v_y \\ v_z \end{pmatrix}_I . \tag{10.3}$$

Die 4-Geschwindigkeit ist nichts anderes als ein Tangentialvektor zur Weltlinie. Aus der gewöhnlichen Geometrie wissen wir, dass der Tangentialvektor an eine Kurve (definiert als Ableitung in Bezug auf die Bogenlänge) ein Einheitsvektor ist. Ist die 4-Geschwindigkeit auch normiert? Um dies zu überprüfen, berechnen wir

$$\vec{V}\cdot\vec{V} = \frac{1}{1-\frac{\vec{v}^2}{c^2}}\left\{c^2 - v_x^2 - v_y^2 - v_z^2\right\} = c^2 = 1 . \tag{10.4}$$

Also ist $\vec{V}$ tatsächlich normiert[1] (vergleiche Abb. 10.1).

Mit einem absoluten Geschwindigkeitskonzept reicht es aus, diese Geschwindigkeit mit der Masse des Teilchens zu multiplizieren, um einen linearen Impuls zu erhalten. Aber die Masse müsste auch eine absolute Größe sein. Könnte eine Masse sich bei einem Wechsel des Bezugssystems ändern? Es gibt eine Möglichkeit, Masse zu definieren, die definitiv unabhängig vom Bezugssystem ist. Wir können das

[1] Man beachte, dass in Abb. 10.1 an dem Hyperboloid die Zahl 1 steht und nicht 1 Quadratmeter! Nicht alle 4-Vektoren sind Äquivalenzklassen von Ereignispaaren, genau so wie auch nicht alle gewöhnlichen 3-Vektoren Äquivalenzklassen von Punktepaaren sind. Zum Beispiel ist ein elektrischer Feldvektor keine Klasse von Punktepaaren. Diese anderen Vektoren erhält man aus den Punktepaar-Vektoren durch Multiplikation oder Division mit Skalaren (basisunabhängigen eindimensionalen Größen).

gleiche Verfahren verwenden, das wir zur Definition der Eigenlänge einer Stange verwendet haben. Um die Masse eines Teilchens in einem gegebenen Bezugssystem I zu messen, sollten wir einen Kollegen anrufen, der im Bezugssystem lebt, in dem das Teilchen momentan ruht, und ihn bitten, die Masse des Teilchens zu messen. Auf diese Weise erhalten wir ein Ergebnis, das nicht von unserem Bezugssystem abhängt. Der auf diese Weise erhaltene Wert wird als *Ruhemasse* des Teilchens bezeichnet. Mit der Ruhemasse m des Teilchens können wir den 4-Impuls des Teilchens bilden:

$$\vec{P} = m\vec{V} \ . \tag{10.5}$$

Mit Gl. (10.3) können wir die Komponenten dieses 4-Vektors als

$$\vec{P} = \begin{pmatrix} mc/\sqrt{1-\vec{v}^2/c^2} \\ p_x \\ p_y \\ p_z \end{pmatrix} \tag{10.6}$$

schreiben mit dem 3-Impuls

$$\vec{p} = \frac{m\vec{v}}{\sqrt{1-\vec{v}^2/c^2}} \ . \tag{10.7}$$

Wer den 3-Impuls in der bekannten Form „Masse × Geschwindigkeit" schreiben möchte, wird dann die Kombination $m/\sqrt{1-\vec{v}^2/c^2}$ als Masse bezeichnen. Aus diesem Grund wird diese Größe als relativistische Masse des Teilchens definiert:

$$m_R = \frac{m}{\sqrt{1-\vec{v}^2/c^2}} \ . \tag{10.8}$$

Diese Masse hängt von der Wahl des Bezugssystems ab.

Der dreidimensionale Teil $\vec{p}$ des 4-Impulses ist offensichtlich die Verallgemeinerung des nicht-relativistischen linearen Impulses; $\vec{p}$ unterscheidet sich vom nicht-relativistischen linearen Impuls nur durch den Faktor $(1-\vec{v}^2/c^2)^{-1/2}$, der für niedrige Geschwindigkeiten ungefähr 1 ist. Um zu erraten, welche physikalische Größe sich hinter der 0-Komponente des 4-Impulses verbirgt, berechnen wir auch den nicht-relativistischen Grenzfall und entwickeln nach Potenzen von $|\vec{v}|/c$ bis zur zweiten Ordnung:

$$P_0 = \frac{mc}{\sqrt{1-\vec{v}^2/c^2}} = \frac{1}{c}\left(mc^2 + \frac{m}{2}\vec{v}^2 + \ \ldots \ \right) . \tag{10.9}$$

Der zweite Term in den Klammern ist die nicht-relativistische kinetische Energie. Dieses Ergebnis lässt uns vermuten, dass die 0-Komponente des 4-Impulses als E/c – Energie des Teilchens geteilt durch die Lichtgeschwindigkeit – interpretiert werden kann.

$$\vec{P} = \begin{pmatrix} E/c \\ p_x \\ p_y \\ p_z \end{pmatrix}_I \tag{10.10}$$

Im nächsten Kapitel werden wir ein weiteres Argument für diese Interpretation finden. Der 4-Impuls vereint dann den linearen Impuls und die Energie in einer einzigen Größe. Aus diesem Grund wird dieser 4-Vektor auch als Energie-Impuls-Vektor bezeichnet.

Wie wir aus Gl. (10.9) sehen können, haben wir neben der kinetischen Energie des Teilchens einen konstanten Term, der unabhängig von der Geschwindigkeit ist. Nicht-relativistisch sind wir es gewohnt, Konstanten zur Energie hinzuzufügen und von ihr abzuziehen, und wir könnten diese Konstante einfach ignorieren. Aber wir können die Konstante mc nicht aus der 0-Komponente entfernen, ohne ein Bezugssystem zu bevorzugen, denn in einem anderen Bezugssystem hätte die 0-Komponente eine andere Bedeutung. Wir kommen zu dem Schluss, dass in der Relativitätstheorie die Energie einen absoluten Nullwert hat. Durch Kombination der Gleichungen (10.6), (10.8) und (10.10) können wir dann die Energie des Teilchens in Bezug auf die relativistische Masse schreiben:

$$E = m_R c^2 \, . \tag{10.11}$$

Dieser Ausdruck hängt von der Geschwindigkeit des Teilchens durch die relativistische Masse ab. Im Fall des ruhenden Teilchens erhalten wir die Ruhenergie $E_0 = mc^2$. Der Unterschied $E_c = E - E_0$ wird als kinetische Energie des Teilchens bezeichnet.

Aus der Normierung der 4-Geschwindigkeit (Gl. (10.4)) schließen wir, dass der 4-Impuls die folgende Normieruung hat:

$$\vec{P} \cdot \vec{P} = m^2 c^2 \, . \tag{10.12}$$

In Komponenten bedeutet diese Gleichung

$$(P_0)^2 - \vec{p}^{\,2} = \frac{E^2}{c^2} - \vec{p}^{\,2} = m^2 c^2 \, . \tag{10.13}$$

Aus dieser Gleichung erhalten wir für die Energie des Teilchens

$$E = \sqrt{m^2 c^4 + c^2 \vec{p}^{\,2}} \, . \tag{10.14}$$

Diese Gleichung ist äquivalent zur Gl. (10.11).

Wir können ein dynamisches Prinzip mit den Energie-Impuls-Vektoren formulieren, noch bevor wir das zweite Newtonsche Gesetz formulieren. Stellen wir uns vor, dass eine bestimmte Anzahl von Teilchen, die ursprünglich weit voneinander

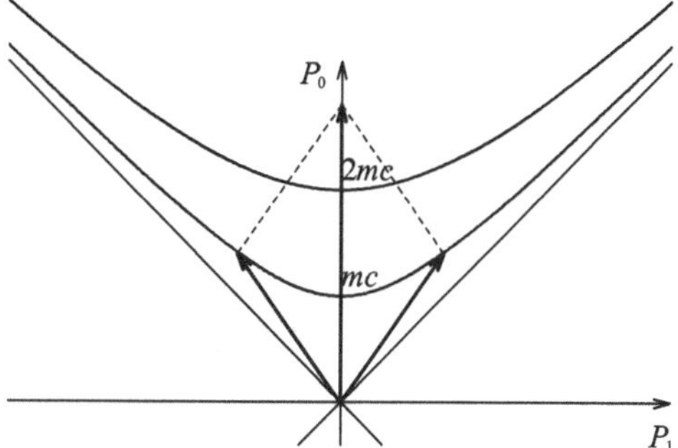

Abb. 10.2 Unelastischer Zusammenstoß zweier Teilchen der Masse m. Die Masse des Systems ist größer als 2 m

entfernt sind, zusammenstoßen. Nehmen wir an, dass nach dem Zusammenstoß Teilchen auseinander fliegen, so dass keine Interaktion mehr zwischen ihnen besteht. In diesem Fall können wir das Gesetz der Erhaltung des linearen Impulses und der Energie als ein einziges Erhaltungsgesetz formulieren:

Die Summen der 4-Impulse vor und nach der Wechselwirkung sind gleich.

Betrachten wir ein Beispiel: Nehmen wir an, dass zwei gleiche Massen m, mit Geschwindigkeiten $\vec{v}$ und $-\vec{v}$ in Bezug auf das Laborsystem, vollständig unelastisch zusammenstoßen und ein neues Teilchen der Masse M bilden. Nichtrelativistisch könnten wir nur das Gesetz der Erhaltung des linearen Impulses nutzen, da ein Teil der mechanischen Energie in die innere Energie des neuen Teilchens umgewandelt würde. Relativistisch ist die Situation anders. Die 0-Komponente des 4-Impulses enthält alle Formen von Energie, so dass wir auch die Energieerhaltung anwenden können. Offensichtlich impliziert die Erhaltung des linearen Impulses (d. h. der räumlichen Komponenten des 4-Impulses), dass das neue Teilchen im Labor zur Ruhe kommen wird, wie wir aus Gl. (10.15) oder aus Abb. 10.2 sehen können.

$$\begin{pmatrix} mc/\sqrt{1-\vec{v}^2/c^2} \\ p_x \\ p_y \\ p_z \end{pmatrix}_I + \begin{pmatrix} mc/\sqrt{1-\vec{v}^2/c^2} \\ -p_x \\ -p_y \\ -p_z \end{pmatrix}_I = \begin{pmatrix} Mc \\ 0 \\ 0 \\ 0 \end{pmatrix}_I . \tag{10.15}$$

Wenn wir die 0-Komponente des 4-Impulserhaltungsgesetzes betrachten, finden wir, dass das neue Teilchen die folgende Ruhemasse haben wird

$$M = \frac{2m}{\sqrt{1-\vec{v}^2/c^2}} . \tag{10.16}$$

Diese Masse ist größer als die Summe der Ruhemassen der kollidierenden Teilchen. Dies bedeutet, dass die kinetische Energie der beiden Teilchen m auch zur Trägheit des Systems beiträgt. Dies ist eine bemerkenswerte Folge der Relativitätstheorie.

Wenn wir eine Masse M Wasser erhitzen, indem wir eine Menge W Wärme hinzufügen, sagt die Relativitätstheorie voraus, dass die Masse des Wassers um $\delta M = W/c^2$ zunimmt. Leider ist diese Zunahme für Wärmemengen von einigen Joule zu klein, um beobachtet zu werden. Aber bei Kernreaktionen sind die Energieaustausche so groß, dass dieser Effekt tatsächlich beobachtbar ist und die Messungen bestätigen die theoretische Vorhersage.

Bisher haben wir den Energie-Impuls-Vektor von massiven Teilchen betrachtet. Aber es gibt auch andere physikalische Objekte mit Impuls und Energie. Wir haben gelernt, dass eine elektromagnetische Welle Energie und linearen Impuls transportiert. Wenn eine ebene elektromagnetische Welle in einem bestimmten Volumen die Energie E enthält, wissen wir, dass dieses Volumen einen linearen Impuls mit dem Betrag E/c enthält, dessen Richtung und Sinn durch die Richtung und den Sinn der Wellenausbreitung gegeben sind. Einem Teil einer ebenen elektromagnetischen Welle können wir dann einen 4-Impuls zuordnen

$$\vec{P} = \begin{pmatrix} |\vec{p}| \\ p_x \\ p_y \\ p_z \end{pmatrix}_I . \tag{10.17}$$

Diese Art von 4-Impuls hat die Eigenschaft

$$\vec{P} \cdot \vec{P} = 0 . \tag{10.18}$$

Vergleicht man diese Normierung mit der eines massiven Teilchens (Gl. (10.12)), kann man sehen, dass der 4-Impuls eines Teils einer elektromagnetischen Welle sich formal wie der eines Teilchens mit $m = 0$ verhält. In der Quantenphysik stellt sich heraus, dass die Energie und der lineare Impuls einer ebenen elektromagnetischen Welle nur bestimmte diskrete Werte haben können: $E = n\frac{h}{2\pi}\omega$ und $\vec{p} = n\frac{h}{2\pi}\vec{k}$, wobei n eine ganze Zahl, h eine universelle Konstante (die Plancksche Konstante) und ω und $\vec{k}$ die Kreisfrequenz und der Wellenvektor sind. Die Welle scheint aus Paketen der Einheitsgröße $E = \frac{h}{2\pi}\omega$ und $\vec{p} = \frac{h}{2\pi}\vec{k}$ zusammengesetzt zu sein, und diese Pakete können in gewisser Weise als Teilchen betrachtet werden, die als Photonen bezeichnet werden. Der 4-Impuls eines Photons kann mit dem 4-Wellenvektor geschrieben werden

$$\vec{P}_{\text{Photon}} = \frac{h}{2\pi}\vec{K} . \tag{10.19}$$

Für den Energie-Impuls-Vektor eines Photons gilt also $\vec{P}_{\text{Photon}} \cdot \vec{P}_{\text{Photon}} = 0$ und, analog zu Beziehung (10.12), wird ein Photon als Teilchen mit Ruhemasse null bezeichnet. Dieser Name ist etwas unglücklich, da das Photon niemals, in keinem Bezugssystem, in Ruhe sein wird. Aber es wird verstanden, dass Ruhemasse null einfach bedeutet, dass der Energie-Impuls-Vektor des Teilchens die Beziehung $\vec{P} \cdot \vec{P} = 0$ erfüllt. Wir können Teilchen mit Ruhemasse null in das Energie-Impuls-Erhaltungsgesetz einbeziehen. Abb. 10.3 zeigt als Beispiel den Zerfall eines Teilchens mit Ruhemasse m in zwei Photonen.

Die Erfahrung zeigt, dass der 4-Impuls eines beliebigen Systems immer ein Vektor im Zukunftskegel ist. Für diese Art von Vektor können wir mit der Dreiecksungleichung (9.5) schließen, dass $|\vec{a} + \vec{b}| \geq |\vec{a}| + |\vec{b}|$, wo $|\vec{a}| = \sqrt{\vec{a} \cdot \vec{a}}$ der

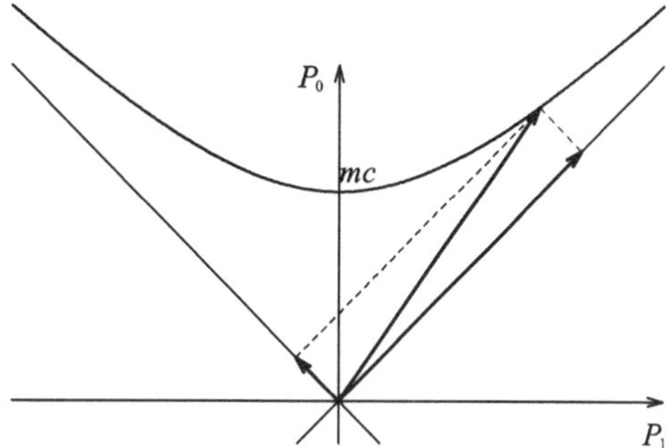

Abb. 10.3 Zerfall eines Teilchens der Masse m in zwei Photonen

Betrag des Vektors ist. Wenn wir diese Ungleichung mit Beziehung (10.12) kombinieren, können wir schließen, dass für die Ruhemasse M eines Systems, das in der Vergangenheit aus zwei nicht interagierenden Teilchen mit den Massen m_1 und m_2 bestand, immer $M \geq m_1 + m_2$ gilt. Der Beitrag der kinetischen Energie der Teilchen 1 und 2 zur Gesamtruheenergie M ist dann ein Beispiel für die Dreiecksungleichung (9.5) und folglich ein relativistischer Effekt.

Übungen

Ü.10.1 Ein Teilchen der Masse m ruht in einem Bezugssystem I. Ein zweites Teilchen, identisch zum ersten, bewegt sich in positiver Richtung der x-Achse mit Geschwindigkeit v. Nach einer Interaktion bilden die beiden Teilchen ein einziges. Berechnen Sie: a) die Ruhemasse M des neuen Teilchens und b) die Geschwindigkeit v_M des neuen Teilchens.

Ü.10.2 Der Antrieb von Raketen basiert auf der Erhaltung des linearen Impulses. Aus dem Motor der Rakete strömt ein Gasstrahl aus und die Rakete gewinnt im Gegenzug linearen Impuls. Es wurde die Möglichkeit in Betracht gezogen, Raketen zu bauen, die anstelle von Gas Photonen, also Licht, ausstoßen. Auch wenn die Photonen keine Masse haben, wird die Masse der Rakete im Prozess verändert. Berechnen Sie die Endmasse M_{Ende} einer lichtgetriebenen Rakete, die mit Anfangsgeschwindigkeit null und Anfangsmasse M_{Anfang} startet, wenn die Endgeschwindigkeit v beträgt (unter der Annahme einer geraden Flugbahn).

Ü.10.3 In Übung Ü.9.6 haben wir ein Raumschiff betrachtet, das mit zwei gleichmäßig beschleunigten Bewegungen zu einem 10 Lichtjahre entfernten Stern reist. In der ersten Hälfte der Reise folgt das Schiff dem Zeitgesetz $x(t) = \sqrt{l^2 + c^2t^2}$ mit $l = c^2/g \approx 9 \cdot 10^{15}$ m. Angenommen, das Raumschiff hat auf halbem Weg eine Ruhemasse von 104 kg, berechnen Sie seine kinetische Energie zu diesem Zeitpunkt.

11 Das zweite Newtonsche Gesetz

Nach der Einführung des 4-Impulses ist es einfach, die absolute Form des zweiten Newtonschen Gesetzes zu erraten:

$$\frac{d}{d\tau}\vec{P} = \vec{\mathfrak{K}} \,. \tag{11.1}$$

Was nicht so einfach ist, ist herauszufinden, was der 4-Vektor $\vec{\mathfrak{K}}$ bedeutet, der auf der rechten Seite der Gleichung erscheint. Wir nennen $\vec{\mathfrak{K}}$ die 4-Kraft. Aber ein schöner Name löst natürlich nichts; wir müssen herausfinden, wie $\vec{\mathfrak{K}}$ mit der gewöhnlichen Kraft $\vec{F}$ zusammenhängt. Um dies erraten zu können, analysieren wir eine gut bekannte Kraft, die Lorentzkraft:

$$\vec{F} = q\,\vec{E} + q\,\vec{v} \times \vec{B} \,. \tag{11.2}$$

Betrachten wir zunächst den magnetischen Teil, $q\,\vec{v} \times \vec{B}$. Dieser Ausdruck hängt linear von der Geschwindigkeit des Teilchens ab. Wir können sagen: Das Magnetfeld zusammen mit der Ladung ist eine Größe, die den Geschwindigkeitsvektor linear mit einem 3-Kraftvektor verbindet. Wir müssen dies in eine Aussage umwandeln, die 4-Vektoren verwendet. Dies ist möglich, wenn wir gleichzeitig das elektrische Feld einbeziehen. Wir erinnern uns an die 4-Geschwindigkeit:

$$\vec{V} = \frac{1}{\sqrt{1-\vec{v}^{\,2}/c^2}} \begin{pmatrix} c \\ v_x \\ v_y \\ v_z \end{pmatrix}_I \,.$$

B. Lesche, *Relativitätstheorie*, https://doi.org/10.1007/978-3-662-73561-9_11

Wenn wir Gl. (11.2) durch $\sqrt{1-\vec{v}^2/c^2}$ teilen, erhalten wir einen 3-Vektor, der linear von der 4-Geschwindigkeit abhängt:

$$
\begin{aligned}
\frac{\vec{F}}{\sqrt{1-\vec{v}^2/c^2}} &= q\frac{\vec{E}}{c}V_0 + q\frac{\vec{v}\times\vec{B}}{\sqrt{1-\vec{v}^2/c^2}} \\
&= q\begin{pmatrix} E_x c^{-1} & 0 & B_z & -B_y \\ E_y c^{-1} & -B_z & 0 & B_x \\ E_z c^{-1} & B_y & -B_x & 0 \end{pmatrix}_I \begin{pmatrix} V_0 \\ V_1 \\ V_2 \\ V_3 \end{pmatrix}_I .
\end{aligned}
\tag{11.3}
$$

Das elektromagnetische Feld als Ganzes (elektrisches und magnetisches Feld) könnte also ein Objekt sein, das die 4-Geschwindigkeit linear mit einem anderen Vektor verknüpft. Alles würde perfekt in das Schema der 4-Vektoren passen, wenn die linke Seite der Gl. (11.3) der dreidimensionale Teil eines 4-Vektors wäre. Dies führt uns zu der Annahme, dass die Komponenten x, y, z der 4-Kraft durch den Ausdruck $\vec{F}/\sqrt{1-\vec{v}^{\,2}/c^2}$ gegeben sind. Wir haben dann

$$
\vec{\mathfrak{K}} = \begin{pmatrix} \mathfrak{K}_0 \\ F_x/\sqrt{1-\vec{v}^{\,2}/c^2} \\ F_y/\sqrt{1-\vec{v}^{\,2}/c^2} \\ F_z/\sqrt{1-\vec{v}^{\,2}/c^2} \end{pmatrix}_I . \tag{11.4}
$$

Mit dieser Annahme nimmt der dreidimensionale Teil des zweiten Newtonschen Gesetzes (11.1) die folgende Form an

$$
\frac{d\vec{p}}{d\tau} = \frac{1}{\sqrt{1-\vec{v}^{\,2}/c^2}}\frac{d\vec{p}}{dt} = \frac{\vec{F}}{\sqrt{1-\vec{v}^{\,2}/c^2}} . \tag{11.5}
$$

Aus dieser Gleichung folgern wir

$$
\frac{d\vec{p}}{dt} = \vec{F} . \tag{11.6}
$$

Dies ist formal das bekannte zweite Newtonsche Gesetz. Man beachten jedoch, dass sie als Differentialgleichung stark von dem zweiten Newtonschen Gesetz der nichtrelativistischen Mechanik abweicht. Wenn wir diese Gleichung in Bezug auf die Geschwindigkeiten schreiben, können wir den Unterschied erkennen:

$$
\frac{d}{dt}\left(\frac{m\vec{v}}{\sqrt{1-\vec{v}^{\,2}/c^2}}\right) = \vec{F} . \tag{11.7}
$$

Es bleibt die 0-Komponente des zweiten Newtonschen Gesetzes zu interpretieren. Der Schlüssel zu dieser Aufgabe ist die Normierung des 4-Impulses: $\vec{P}\cdot\vec{P} = m^2c^2$.

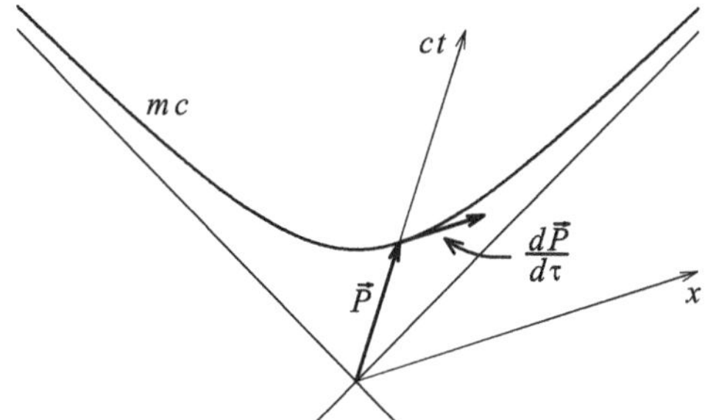

Abb. 11.1 Orthogonalität des 4-Impulses und seiner Ableitung. Die Ableitung ist tangential zum Massenhyperboloid mc. Die Abbildung zeigt auch die Achsen x und ct des Ruhesystems des Teilchens. Die Ableitung $d\vec{P}/d\tau$ ist parallel zur Achse x und daher orthogonal zur Achse ct

Wir nehmen an, dass die externe Kraft die Ruhemasse des Teilchens nicht verändert. Dann ist der Betrag des 4-Impulses eine Konstante. Wir wissen seit den Zeiten der Mechanik, dass Geschwindigkeiten von Vektoren mit konstantem Betrag immer orthogonal zum betreffenden Vektor sind (zum Beispiel haben wir diese Situation bei der Kreisbewegung). Dies gilt auch für 4-Vektoren. Es ist einfach, dies mit der Leibniz-Regel (Produktregel) zu zeigen:

$$0 = \frac{d(\text{const.})}{d\tau} = \frac{d\left(\vec{P}\cdot\vec{P}\right)}{d\tau} = \frac{d\vec{P}}{d\tau}\cdot\vec{P} + \vec{P}\cdot\frac{d\vec{P}}{d\tau} = 2\frac{d\vec{P}}{d\tau}\cdot\vec{P}\,. \tag{11.8}$$

Daher sind $d\vec{P}/d\tau$ und $\vec{P}$ orthogonal (vergleiche Abb. 11.1).

Wenn wir die Gl. (11.1), also das zweite Newtonsche Gesetz, skalar mit $\vec{P}$ multiplizieren, sollten wir null erhalten. Daher können wir folgern:

$$0 = \vec{P}\cdot\vec{\mathfrak{K}} = m\frac{c}{\sqrt{1-\vec{v}^{\,2}/c^2}}\mathfrak{K}_0 - m\frac{\vec{v}\cdot\vec{F}}{\sqrt{1-\vec{v}^{\,2}/c^2}\sqrt{1-\vec{v}^{\,2}/c^2}}\,. \tag{11.9}$$

Damit können wir die 0-Komponente der 4-Kraft bestimmen

$$\mathfrak{K}_0 = \frac{\vec{v}\cdot\vec{F}}{c\sqrt{1-\vec{v}^{\,2}/c^2}} \tag{11.10}$$

und wir können die Gl. (11.4) vervollständigen:

$$\vec{\mathfrak{K}} = \frac{1}{\sqrt{1-\vec{v}^{\,2}}}\begin{pmatrix}\vec{v}\cdot\vec{F}/c\\ F_x\\ F_y\\ F_z\end{pmatrix}_I\,. \tag{11.11}$$

Die 0-Komponente des zweiten Newtonschen Gesetzes hat dann die folgende Form:

$$\frac{dP_0}{d\tau} = \frac{1}{\sqrt{1-\vec{v}^{\,2}/c^2}}\frac{dP_0}{dt} = \frac{1}{c}\frac{\vec{v}\cdot\vec{F}}{\sqrt{1-\vec{v}^{\,2}/c^2}}\,. \tag{11.12}$$

Multiplizieren wir mit $c\sqrt{1-\vec{v}^{\,2}/c^2}$ erhalten wir

$$\frac{d(cP_0)}{dt} = \vec{v}\cdot\vec{F}\,. \tag{11.13}$$

Die rechte Seite ist die Arbeit pro Zeiteinheit, die von der externen Kraft ausgeführt wird. Daher besagt Gl. (11.13), dass die Änderungsrate der Größe cP_0 gleich der Energieübertragungsrate auf das Teilchen ist. Dieses Ergebnis unterstützt die Interpretation der 0-Komponente des 4-Moments als E/c.

Übungen

Ü.11.1 Vervollständigen Sie Gl. (11.3), indem Sie die 0-Komponente mit Hilfe von Gl. (11.10) hinzufügen. Die Matrix des elektromagnetischen Feldes nimmt dann die Form einer 4×4-Matrix an.

Ü.11.2 Ein Elektron, das in einem Bezugssystem I in Ruhe ist, wird durch ein elektrisches Feld $\vec{E} = 10^8\,\mathrm{V\,m^{-1}}\vec{e}_x$ beschleunigt.

a) Berechnen Sie die resultierende Beschleunigung zum Anfangszeitpunkt des Experiments.
b) Ein zweites Elektron bewegt sich mit einer Geschwindigkeit $v = 0{,}99c$ in Richtung x und wird durch dasselbe elektrische Feld beschleunigt. Berechnen Sie die resultierende Beschleunigung zum Anfangszeitpunkt des Experiments in diesem Fall.

Ü.11.3 Ein Elektron, das ursprünglich in einem Bezugssystem I in Ruhe ist, wird durch ein elektrisches Feld $\vec{E} = 10^8\,\mathrm{V\,m^{-1}}\vec{e}_x$ beschleunigt. Berechnen Sie den Betrag der Geschwindigkeit des Elektrons in Abhängigkeit von der Zeit und zeichnen Sie das Ergebnis auf.

Allgemeine Relativitätstheorie 12

Die relativistische Theorie der Gravitation verwendet mathematische Werkzeuge, die außerhalb des Rahmen dieses Buches liegen. Daher müssen wir uns auf einige qualitative Kommentare beschränken. Zunächst müssen wir verstehen, warum die newtonsche Beschreibung der Gravitation geändert werden muss. Die Halbordnung der Ereignisse, im Sinne von *später* oder *früher*, ist eng mit dem Konzept der Kausalität verbunden. Die Auswirkungen eines Geschehnisses, das in der Raum-Zeit dem Ereignispunkt e entspricht, werden nur im Zukunftskegel $\bar{Z}(e)$ des Ereignisses e spürbar sein. Wenn wir beispielsweise eine elektrische Ladung A plötzlich stoßen, wird eine zweite Ladung B die Verschiebung der ersten erst dann spüren, wenn die Weltlinie der Ladung B in den Zukunftskegel des Ereignisses der Verschiebung der Ladung A eintritt (vergleiche Abb. 12.1).

Die newtonsche Gravitationskraft $\vec{F} = mMGr^{-3}\vec{r}$ ist nicht mit dieser kausalen Ordnung vereinbar, da sie eine sofortige Wechselwirkung darstellt (innerhalb eines privilegierten Bezugssystems, in dem sie formuliert wird). Man könnte versuchen, eine Theorie der Gravitation in der Minkowski-Raumzeit zu entwickeln, ähnlich wie die Elektrodynamik. Aber die Situation ist viel komplizierter. Die Gravitationskraft kann nicht abgeschirmt werden und sie wirkt auf alle Körper. Dadurch wird unsere konzeptionelle Basis der Raumzeit-Geometrie zerstört. Wenn wir die Gravi-

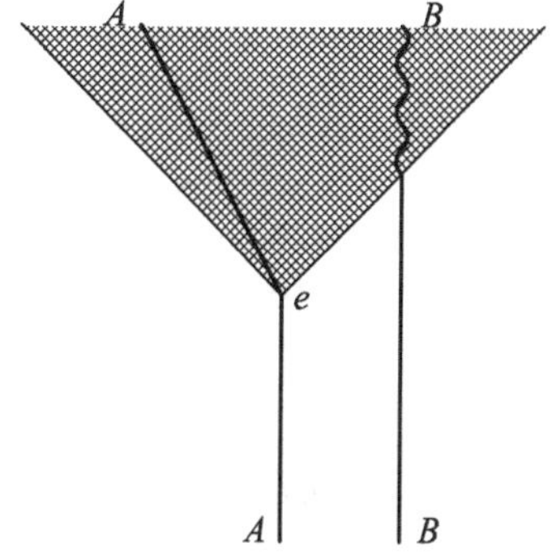

Abb. 12.1 Kausalität. Die Ladung A wird plötzlich gestoßen (Ereignis e). Die Ladung B ist an einer Feder befestigt und beginnt erst dann wegen der Verschiebung der Ladung A zu schwingen, wenn ihre Weltlinie in die Zukunft des Stoßes eintritt

B. Lesche, *Relativitätstheorie*, https://doi.org/10.1007/978-3-662-73561-9_12

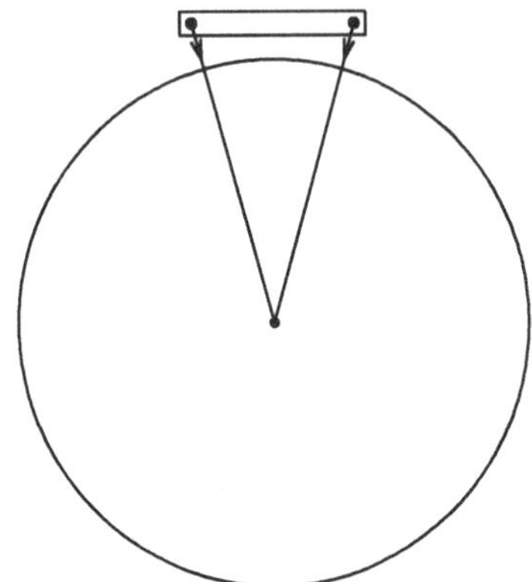

Abb. 12.2 Erde mit riesigem Aufzug im freien Fall. Zwei im Aufzug freigelassene Massen nähern sich beschleunigt an

tation nicht abschirmen können und wenn sie auf alle Körper wirkt, wie sollen wir dann eine atomare Uhr frei von Kräften realisieren? Ohne freie Atome können wir keine zeitlichen Abstände mehr messen! Aber glücklicherweise gibt es eine Möglichkeit, dieses so grundlegende Konzept zu retten. Die Lösung des Dilemmas wird durch das Äquivalenzprinzip nahegelegt.

Man stelle sich vor, ein Experimentator führt mechanische Experimente in einem Aufzug durch, der im Gravitationsfeld der Erde frei fällt (innerhalb einer Vakuumröhre). Der Aufzug, der Körper des Experimentators und alle Massen im Aufzug werden auf die gleiche Weise durch die Gravitation beschleunigt. Auf diese Weise wird der Experimentator, der nur das Innere des Aufzugs sehen kann, die Gravitationskraft nicht wahrnehmen. Für ihn wird eine im Aufzug frei gelassene Masse sich wie ein freies Teilchen bewegen. Dies gilt nicht nur für mechanische Experimente. Wir können sagen: Die Verwendung des frei fallenden Aufzugs als Bezugssystem ist äquivalent zur Eliminierung der Gravitationskraft. Diese Formulierung des Äquivalenzprinzips ist noch nicht zufriedenstellend. Wir müssen etwas über die Größe des Aufzugs sagen. Man stelle sich einen riesigen Aufzug vor, der im Gravitationsfeld der Erde frei fällt; sagen wir, ein Aufzug, der etwa 500 m breit ist oder gar noch breiter. Zwei im Aufzug auf gleicher Höhe, aber weit voneinander entfernt freigelassene Massen würden beide in die Richtung zum Zentrum der Erde fallen. Aber da die Richtungen zum Zentrum der Erde für die beiden Massen unterschiedlich sind (vergleiche Abb. 12.2), würden wir im Aufzug beobachten, dass sich die Massen beschleunigt annähern.

Auf diese Weise wäre das Erdgravitationsfeld im Aufzug bemerkbar. Tatsächlich reicht es nicht aus, die räumliche Größe des Aufzugs zu begrenzen, um die Gravitationskraft zu eliminieren, sondern es ist auch notwendig, die Beobachtungszeit zu begrenzen. Der frei fallende „Aufzug" könnte zum Beispiel ein Satellit sein, der jahrelang um die Erde kreist – das ist auch ein freier Fall. Wenn wir zwei freie Massen mit Anfangsgeschwindigkeit Null relativ zum Satelliten und mit Positionen, deren Abstand vom Zentrum der Erde sich um wenige Zentimeter unterscheiden, lange genug beobachten, würden wir mit der Zeit relative Bewegungen der beiden

Massen feststellen, da beide unterschiedliche Umlaufzeiten um die Erde hätten. Um das Äquivalenzprinzip zu formulieren, müssen wir also einen frei fallenden Aufzug und eine Versuchsdauer verwenden, die in einen kleinen Bereich in der Raum-Zeit passen.

Man stellen sich einen Bereich R_1 in der Raum-Zeit und ein Koordinatensystem vor, dessen Ursprung in R_1 liegt. Wir können dann einen Bereich R_ε markieren, der um den Faktor ε geschrumpft ist, indem wir die Koordinatenwerte der Ereignisse von R_1 mit ε multiplizieren. Mit dieser Art von Bereichen können wir das Äquivalenzprinzip formulieren. In einem frei fallenden Aufzug ohne Rotation und einer Versuchsdauer, die in den Bereich R_ε passen, sind die beobachtbaren gravitativen Effekte klein von der Ordnung ε^2. Die genaue Bedeutung dieses Prinzips ist noch Gegenstand akademischer Diskussionen und es scheint sogar Ausnahmen von diesem Prinzip zu geben. Dennoch legt es eine Definition der zeitlichen Distanz nahe. Die Gravitationstheorie dient in der Regel der Physik im astronomischen Maßstab. Auf dieser Skala ist ein Atom extrem klein und die Oszillationsperiode extrem kurz, so dass es in einen kleinen Bereich der Raum-Zeit passt. Daher werden die Elektronen und der Kern die gleiche gravitative Beschleunigung erfahren, wenn das Atom keiner anderen nicht-gravitativen Kraft ausgesetzt ist, und für einen Beobachter, der zusammen mit dem Atom fällt, werden sich die atomaren Orbitale nicht verformen. Wir können daher den atomaren Oszillationen vertrauen, solange das Atom im freien Fall ist, und wir können definieren:

Die zeitliche Distanz zwischen zwei Ereignissen e_1 und e_2 muss mit einer Atomuhr gemessen werden, die im freien Fall durch diese Ereignisse läuft.

Damit haben wir die Grundlage der Raum-Zeit-Geometrie wieder hergestellt. Da die Bedeutung eines freien Atoms nun vom Gravitationsfeld abhängt, wird auch die Geometrie der Raum-Zeit vom Gravitationsfeld abhängen. Die Gravitationskraft unterscheidet sich damit sehr von allen anderen Kräften: zum Beispiel läuft die Erde um die Sonne, weil die Sonne die Geometrie der Raum-Zeit in der Nähe ihrer Weltlinie verändert hat.

Um die Geometrie eines Raumes zu erforschen, können wir die Geraden in diesem Raum studieren. Das haben wir in der Schule gemacht, als wir zum ersten Mal mit der euklidischen Geometrie in Berührung kamen. Die Geraden im euklidischen Raum sind die kürzesten Verbindungen zwischen Punkten. In der Raum-Zeit, ohne Gravitationsfeld, sind die geraden Weltlinien die längsten Verbindungen zwischen zwei zeitlich getrennten Ereignissen. Im Allgemeinen können wir dann sagen: Geraden sind Verbindungen mit extremen Längen (entweder minimal oder maximal). In komplizierteren Räumen, wie zum Beispiel der Oberfläche einer Kugel oder der Raum-Zeit mit Gravitation, haben die extremen Verbindungen einen anderen Namen; sie werden Geodäten genannt. Aber im Grunde könnten wir sie auch Geraden nennen – die Idee ist die gleiche. Lassen Sie uns also die Geodäten in der Raum-Zeit studieren.

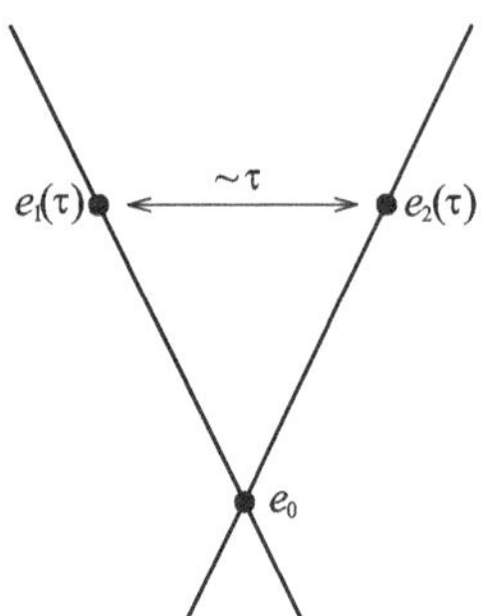

Abb. 12.3 Punkte (Ereignisse) auf Geraden, die sich linear entfernen

Es ist sehr einfach, eine Geodäte in der Raum-Zeit experimentell zu realisieren. Es stellt sich heraus, dass die Weltlinien von kleinen punktförmigen Massen im freien Fall Geodäten der Raum-Zeit sind. Wenn wir die Erde als eine kleine punktförmige Masse betrachten können, können wir dann sagen, dass die Weltlinie der Erde, die sich wie eine Spiralfeder um die Weltlinie der Sonne windet, die „geradeste" Kurve ist, die die Geometrie der Raum-Zeit zulässt. Die Tatsache, dass kleine punktförmige Massen im freien Fall Geodäten beschreiben, ist grundlegend und zeigt, dass unsere Definition der zeitlichen Distanz angemessen ist. Die Idee, zeitliche Distanzen mit freifallenden Atomen zu messen, wurde durch die Dynamik der Atome motiviert. Aber die Tatsache, dass der freie Fall eine Geodäte beschreibt, zeigt, dass diese Wahl auch geometrisch korrekt ist, denn auf diese Weise misst die Uhr entlang eines extremen Weges und die umgekehrte Dreiecksungleichung (9.5) ist gewährleistet.

Kehren wir einen Moment zu den Geraden des euklidischen Raums oder der Raum-Zeit ohne Gravitation zurück. Abb. 12.3 zeigt zwei Geraden (oder gerade Weltlinien), die sich in einem Punkt (Ereignis) e_0 kreuzen. Wenn wir ausgehend von e_0 auf den Geraden eine Distanz τ gehen, erzeugen wir zwei Punkte (Ereignisse), $e_1(\tau)$ und $e_2(\tau)$, die sich proportional zu τ voneinander entfernen. Nun wollen wir sehen, wie diese Situation in komplizierteren Räumen aussieht. Zunächst werden wir das Beispiel des Raums untersuchen, der durch die Oberfläche einer Kugel gebildet wird. Die Geodäten auf der Oberfläche einer Kugel mit Radius R sind Kreise mit Radius R. Wenn wir uns von einem Punkt N (Nordpol) auf zwei Geodäten entfernen, werden wir bald feststellen, dass die Entfernung zwischen den beiden erzeugten Punkten nicht proportional zur zurückgelegten Strecke wächst (siehe Abb. 12.4).

Tatsächlich nähern sich die beiden Geodäten nach dem Überqueren des Äquators wieder an und treffen sich am Südpol wieder. Diese nicht-lineare Abweichung zwischen den Geodäten ist ein Maß für die Krümmung der Kugeloberfläche.

Betrachten wir nun ein Beispiel, das zeigt, dass auch die Raum-Zeit mit Gravitation gekrümmt ist. Stellen wir uns einfach zwei kleine und punktförmige Massen vor, die in entgegengesetzten Richtungen um die Sonne kreisen. Diese Massen treffen sich nach jeder halben Umdrehung wieder. Nach jedem dieser Treffen entfernen sich die Weltlinien der Massen und nähern sich dann wieder an und treffen sich wie-

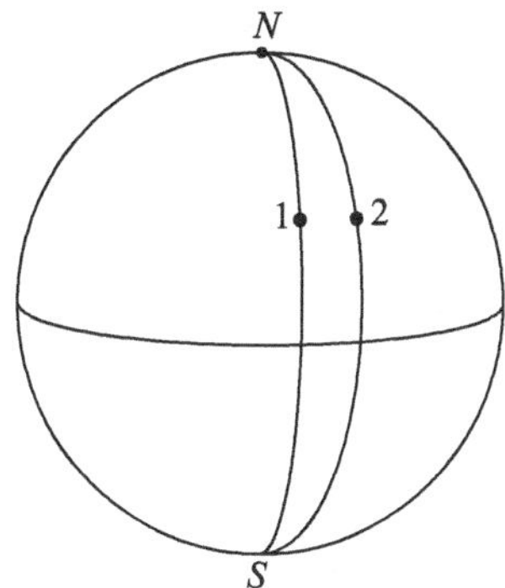

Abb. 12.4 Die Oberfläche einer Kugel ist ein Raum mit Krümmung. Die Punkte 1 und 2 entfernen sich (und nähern sich) in nicht-linearer Weise

der, genau wie die Geodäten im Kugelbeispiel am Südpol wieder zusammenkamen (siehe Abb. 12.5).

Einstein drückte das Gravitationsfeld mit Hilfe der Krümmung der Raum-Zeit aus und formulierte eine Feldgleichung für diese Größe. Die Quelle dieses *Krümmungsfeldes* ist die Energie-Impuls-Dichte der Materie, wobei das Konzept der Materie auch elektromagnetische Felder und andere Kraftfelder einschließt. Diese Gravitationstheorie wurde experimentell mit Messungen im Sonnensystem getestet und alle experimentellen Daten bestätigen die Theorie bis heute.

Die allgemeine Relativitätstheorie ist eine mathematisch und konzeptionell sehr komplizierte Theorie. In der Raum-Zeit mit Gravitation gibt es keine Bezugssysteme mehr, die in der gesamten Raum-Zeit inertial sind. Für einen infinitesimalen Bereich kann ein geeignet gewählter infinitesimaler frei fallender Körper (ohne Rotation) als lokales inertiales Bezugssystem dienen. Die Lorentz-Koordinaten, die mit Hilfe eines Inertialsystems erstellt wurden, existieren nicht mehr als globale Koordinaten. Im Allgemeinen müssen wir Koordinaten verwenden, die keine besondere Verbindung zur Geometrie der Raum-Zeit haben. Die Transformation von

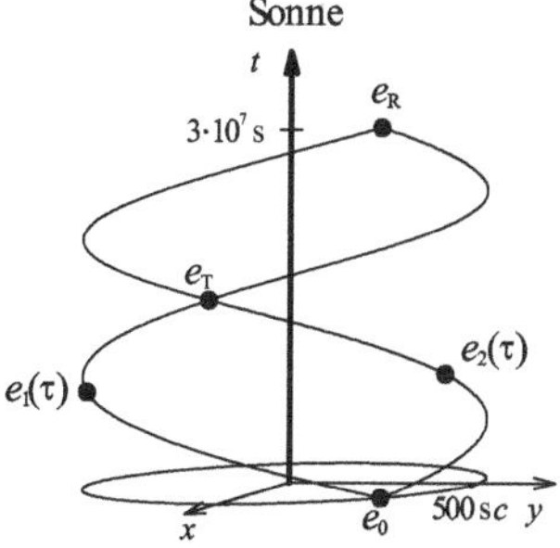

Abb. 12.5 Die Raum-Zeit in der Nähe der Weltlinie der Sonne ist gekrümmt. Die Abbildung zeigt die Weltlinien zweier Massen, die in entgegengesetzten Richtungen um die Sonne kreisen. Zwischen dem Startereignis e_0 und dem Treffen e_T entfernen und nähern sich diese Geodäten auf nicht-lineare Weise

einem Koordinatensystem zu einem anderen wird im Allgemeinen durch nichtlineare Funktionen gegeben. Daher muss die Definition des 4-Vektors geändert werden. Vektoren können nur lokal an jedem Ereignis definiert werden. Dazu benutzt man, dass auch nichtlineare Transformationen lokal linear sind, wenn sie nur differenzierbar sind. Die Tatsache, dass eine Koordinatentransformation zu komplizierten Funktionen führen kann, hat noch eine andere unangenehme Konsequenz. Es kann sein, dass zwei Beschreibungen einer gegebenen Raum-Zeit mit zwei Koordinatensystemen zu derart unterschiedlichen mathematischen Ausdrücken führt, dass es schwierig ist, zu erkennen, dass es sich nur um zwei Beschreibungen ein und derselben Raum-Zeit handelt. Bei grafischen Darstellungen der Raum-Zeit müssen wir dies auch im Hinterkopf behalten. Wir werden immer die Koordinatenwerte verwenden, um Ereignisse als Punkte auf einem Blatt Papier darzustellen. Das resultierende Diagramm hängt stark vom verwendeten Koordinatensystem ab.

Betrachten wir zumindest einen Effekt der allgemeinen Relativitätstheorie. Im Zwillingsparadoxon erhielten wir unterschiedliche Alter für die Zwillinge, indem wir sie in unterschiedlichen Weltlinien mit unterschiedlichen Längen leben ließen. Es war notwendig, ein sehr schnelles Raumschiff zu verwenden, um einen spürbaren Effekt zu erzielen. Es ist plausibel, dass es in einer Raum-Zeit mit komplizierter Geometrie einfacher sein wird, diese Situation zu erreichen.

Stellen wir uns vor, dass zwei Zwillingsbrüder A und B sich an einem Ort auf Meereshöhe verabschieden. Bruder A bleibt an Ort und Stelle, während Bruder B in die Höhen des Himalaya aufsteigt und in einem tibetischen Kloster in einer Höhe von 5000 m über dem Meeresspiegel lebt. Nach 20 Jahren reist Bruder A nach Tibet, um seinen Bruder im Kloster zu besuchen. Bei dem Treffen werden die beiden unterschiedliche Alter haben. Es kann gezeigt werden, dass der Bruder, der in den Höhen des Himalaya lebte, wo die Gravitationsbeschleunigung etwas geringer ist, der ältere sein würde. Leider könnte der Altersunterschied in diesem Fall nicht anhand der Anzahl der grauen Haare überprüft werden; man kann berechnen, dass der Altersunterschied in diesem Fall in der Größenordnung von $3 \cdot 10^{-4}$ s liegen würde. Dies ist für die Lebenszeitmessung einer Person unbedeutend, könnte aber mit Atomuhren nachgewiesen werden.

Wenn wir diesen Altersunterschied mit Atomuhren überprüfen wollten, würden wir dies sicherlich nicht mit frei fallenden Uhren und dem Grenzverfahren der Definition der Eigenzeit tun – das wäre zu kompliziert und teuer. In der Praxis würden wir einfach zwei Uhren verwenden, die den Weltlinien der Brüder folgen, genau wie Schneiderbandmaße räumlichen Kurven folgen. Wir wollen versuchen, den Fehler zu schätzen, den wir mit diesem vereinfachten Verfahren machen: Die nicht-gravitative externe Kraft, die notwendig ist, um die Cäsiumatome der Uhren auf den Weltlinien der Brüder zu halten, hat den Betrag $|\vec{F}_{\text{extern}}| = mg = 133 \cdot m_A g \approx 10^{-24}$ N. Während der Reisen nach Tibet könnten die Beschleunigungen etwas größer sein, aber sie würden in der gleichen Größenordnung bleiben. Vergleichen wir diese Kraft mit den internen Kräften, die innerhalb des Atoms wirken. Wir haben die anziehenden Kräfte zwischen Kern und Elektronen und die abstoßenden Kräfte zwischen den Elektronen. Als grobe Schätzung des Betrags dieser Kräfte können wir die Kraft zwischen zwei elementaren Ladungen mit einem typischen Abstand innerhalb eines Atoms nehmen; $|\vec{F}_{\text{intern}}| \approx e^2/(4\pi\varepsilon_0 d^2)$. Mit d in der Größenordnung von 10^{-10} m, erhalten wir $|\vec{F}_{\text{intern}}| \approx 10^{-8}$ N. Die internen Kräfte sind also etwa 10^{16} Mal größer als die nicht-gravitative externe Kraft! Wir können folgern, dass die Atomorbitale praktisch nicht verformt werden und die Atomuhren, die den Brüdern folgen, die Länge der Weltlinien mit ausgezeichneter Präzision anzeigen werden.

Ein besonderer Fall des gravitativen Zwillingsparadoxons ist der gravitative Doppler-Effekt. Wenn wir einen Lichtstrahl von der Basis eines Turms zu seiner Spitze senden, wird die Frequenz der Welle, die an der Spitze gemessen wird, etwas geringer sein als an der Basis. R.V. Pound[1] und G.A. Rebka[2] (1960) verifizierten diesen Effekt mit Gammastrahlen, die mit dem Mössbauer-Effekt erzeugt wurden (der Mössbauer-Effekt ermöglicht die Erzeugung von Strahlung mit extrem gut definierten Frequenzen). Die Abnahme der Frequenz der elektromagnetischen Strahlung entspricht einer Abnahme der Energie der Quanten $h\nu$. Es stellt sich heraus, dass diese Energieabnahme, $\delta E = h\delta\nu$, der Photonen, die eine Höhe H aufsteigen, genau die Energie ist, die benötigt wird, um eine Masse $m = h\nu/c^2$ in einem Gravitationsfeld um eine Höhe H anzuheben.

Übungen

Ü.12.1 Eine Atomuhr verlässt die Oberfläche des Mondes vertikal mit einer Geschwindigkeit, die etwas geringer ist als die Fluchtgeschwindigkeit des Mondes. Die Uhr bewegt sich im freien Fall und kehrt zum Mond zurück, indem sie an der gleichen Stelle landet, von der sie gestartet ist. Eine zweite Atomuhr blieb vor Ort. Welche der beiden Uhren wird mehr Zeit zwischen den Ereignissen des Starts und der Ankunft anzeigen?

[1] Robert Vivian Pound *1919–†2010. US-amerikaniscger Physiker. Er arbeitete über Kernspinresonanz.

[2] Glen Anderson Rebka Jr. *1931–†2015. US-amerikanischer Physiker. Das Pound-Rebka-Experiment war Thema seiner Doktorarbeit. Später arbeitete er in der experimentellen Elementarteilchenphysik.

13 Kosmologie

Die allgemeine Relativitätstheorie findet Anwendung im GPS-System, in der Astronomie und in der Kosmologie. Hier beschreiben wir einige grundlegende Konzepte der Kosmologie. Dieser Zweig der Physik versucht, unsere Welt auf einer Skala über den Galaxien zu verstehen. Auf dieser Skala ist die Gravitationskraft vorherrschend. Heutzutage sprechen wir mit großer Selbstverständlichkeit von Galaxien. Aber es war eine enorme Anstrengung vieler Astronomen, zu zeigen, dass es außerhalb unserer Galaxie andere Galaxien gibt. Das große Problem dabei ist, wie man die Entfernungen der Objekte misst, die wir am Himmel sehen. Für die uns am nächsten gelegenen Sterne (einige hundert Lichtjahre) können wir ihre Entfernungen noch durch Triangulation messen, indem wir zwei gegenüberliegende Punkte auf der Erdumlaufbahn um die Sonne als Basis für die Triangulation verwenden. Aber mit dieser Methode kann man nur einen minimalen Teil unserer eigenen Galaxie messen. Es wurden verschiedene ausgeklügelte Methoden entwickelt, um die Entfernungen von Sternen und Sternengruppen zu messen. Aber für große Entfernungen funktionieren im Grunde nur Methoden, die auf der Helligkeit der Sterne basieren.

Wir wissen, dass die scheinbare Helligkeit einer Lampe quadratisch mit der Entfernung abnimmt. Wenn die absolute Helligkeit der Lampe (abgestrahlte Leistung) bekannt ist, können wir die Entfernung zwischen Lampe und Beobachter durch die scheinbare Helligkeit bestimmen. Das große Problem ist, wie man die absolute Helligkeit der Sterne bestimmt. Die Sterne sind nicht alle gleich, sie unterscheiden sich in ihrer abgestrahlten Leistung um viele Größenordnungen. Ein großer Fortschritt wurde erzielt, als die Astronomin Henrietta Swan Leavitt[1] 1912 eine Methode zur Bestimmung der absoluten Helligkeit eines bestimmten Typs von Sternen, den sogenannten Cepheiden, entdeckte. Cepheiden sind extrem helle Sterne. Sie können mehr als 10^4 Mal die von der Sonne abgestrahlte Leistung emittieren. Das Interessanteste an diesen Riesensternen ist, dass ihre Helligkeit nicht konstant ist, sondern

[1] US-amerikanische Astronomin *1868–†1921. Sie entdeckte nicht nur die Beziehung zwischen Helligkeit und Frequenz der Cepheiden sondern auch die rekurrierende Nova T Pyxidis. Sie wurde für den Nobelpreis vorgeschlagen, starb aber zu früh an Krebs, um diese Ehrung zu erhalten.

B. Lesche, *Relativitätstheorie*, https://doi.org/10.1007/978-3-662-73561-9_13

mit Perioden von einigen Tagen schwankt. Durch die Untersuchung von Cepheiden in der Magellanschen Wolke entdeckte Henrietta Swan Leavitt, dass es eine Beziehung zwischen der absoluten Helligkeit der Cepheiden und ihrer Schwingungsfrequenz gibt. Als dann eine Cepheide entdeckt wurde, die nahe genug war, um deren Entfernung durch Triangulation zu messen, hatte man eine Kalibration der Cepheidenskala. Indem wir also die Schwingungsfrequenz einer Cepheide messen, können wir ihre absolute Helligkeit bestimmen und durch ihre scheinbare Helligkeit ihre Entfernung.

Da Cepheiden so viel Energie abgeben, ist es möglich, Cepheiden auch in anderen Galaxien zu entdecken. Der Astronom Edwin Hubble[2] konnte Cepheiden in den „Nebeln" M31, M33 und NGC6822 lokalisieren und zeigte mit diesen Sternen, dass diese Nebel mehr als 10^6 Lichtjahre vom Beobachter entfernt sind. Da unsere Galaxie einen Radius von etwa $6 \cdot 10^4$ Lichtjahren hat, waren die beobachteten Nebel definitiv außerhalb unserer Galaxie. Es handelt sich um andere Galaxien. In den folgenden Jahren studierte Hubble eine enorme Anzahl von Galaxien; ihre Formen, ihre Position im Raum und ihre Verteilung. Er fand heraus, dass Galaxien dazu neigen, sich in Clustern zu gruppieren. Aber auf einer viel größeren Skala als die Größe dieser Cluster scheinen sie gleichmäßig verteilt zu sein. In Zusammenarbeit mit dem Astronomen Milton Humason[3] entdeckte er ein ziemlich merkwürdiges empirisches Gesetz:

Die Spektrallinien bestimmter chemischer Elemente in den Atmosphären der Sterne von entfernten Galaxien zeigten eine Rotverschiebung. Diese Änderung der Lichtfrequenzen, wenn sie als Doppler-Effekt interpretiert wird, deutete darauf hin, dass diese Galaxien sich vom Beobachter entfernen. Hubble und Humason stellten auch fest, dass die Geschwindigkeit, mit der die Galaxien fliehen, umso größer ist, je größer ihre Entfernung ist. Diese Regel ist das berühmte Hubble-Gesetz. Es ist die wesentliche Zutat für fast alle Modelle unseres Universums. Die meisten dieser Modelle verwenden zwei Hypothesen:

1) (kosmologisches Prinzip) Es gibt ein bevorzugtes Bezugssystem, in dem der Raum homogen ist, betrachtet auf einer viel größeren Skala als die Cluster von Galaxien.
2) Das Universum expandiert so, dass zwei Objekte, die im bevorzugten Bezugssystem in Ruhe sind, sich mit einer Geschwindigkeit voneinander entfernen, die proportional zum Abstand zwischen den Objekten ist.

Abb. 13.1 zeigt die Raumzeit unseres Universums nach einem der am meisten akzeptierten Modelle. Die quadratische Form Q ist an vier Ereignissen dargestellt. Die Koordinaten t, x (y und z sind nicht dargestellt), die zur Abbildung der Raum-

[2] Edwin Powell Hubble *1889–†1953. US-amerikanischer Astronom. Er studierte systematisch Galaxien und entdeckte die kosmische Rotverschiebung.

[3] Milton La Salle Humason *1891-†1972. US-amerikanischer Astronom. Er begann seine Karriere ohne Schulabschluss als Maultiertreiber und transportierte Baumaterial zum Mount-Wilson Observatorium. Dann wurde er als Pförtner und Elektriker im Observatorium angestellt und schließlich verwandelte er sich in einen äußerst erfolgreichen Astronomen.

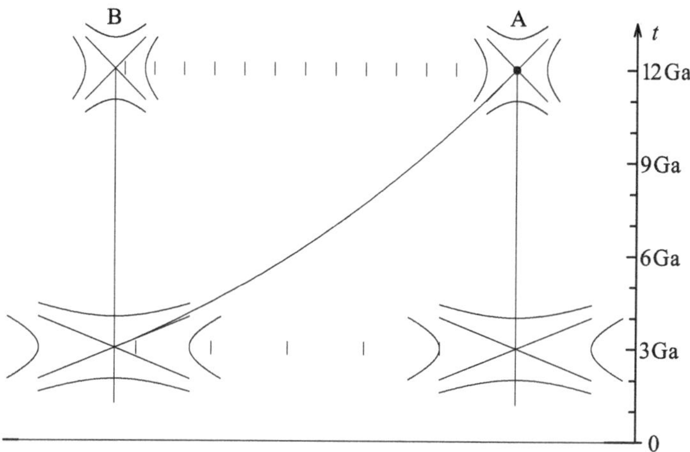

Abb. 13.1 Weltlinien von zwei Galaxien in einem expandierenden Universum mit Lichtsignal, das in der Galaxie B zur Zeit $t = 3$ Ga ausgesendet und in der Galaxie A zur Zeit $t = 12$ Ga empfangen wird

zeit auf dem Papier verwendet werden, sind so gewählt, dass: 1) die Weltlinien von Beobachtern, die im bevorzugten Bezugssystem stillstehen, vertikale Geraden sind, 2) die Eigenzeit solcher Beobachter eine lineare Skala auf dem Papier definiert und dass 3) die Homogenität des Raums in der Zeichnung offensichtlich ist, d. h. wenn wir die Weltlinien homogen verteilter Galaxien zeichnen würden, würde das zu einer uniformen Verteilung der gezeichneten Linien auf dem Blatt Papier führen. Die Weltlinien von zwei Galaxien, die im bevorzugten Bezugssystem annähernd stillstehen, sind eingezeichnet. Die Galaxie A könnte zum Beispiel unsere Galaxie sein. Wie wir sehen können, betrug die Entfernung zwischen unserer Galaxie und der Galaxie B zur Zeit $t = 3 \cdot 10^9$ Jahre $= 3$ Ga etwa $5{,}3 \cdot 10^9$ Lichtjahre (5,3 Ga), da wir die Hyperbel, die die Einheit 1 Ga zeigt, etwas mehr als fünfmal zwischen der Linie A und der Linie B einfügen können. Heute, d. h. bei $t = 12 \cdot 10^9$ Jahre $= 12$ Ga, beträgt die Entfernung zwischen A und B laut Zeichnung etwas mehr als 13 Giga Lichtjahre. Also entfernen sich die Galaxien A und B voneinander.

In Abb. 13.1 ist auch die Weltlinie eines Lichtsignals gezeichnet, das von der Galaxie B zur Zeit $t = 3$ Ga ausgesendet wurde und heute, zur Zeit $t = 12$ Ga, unser Teleskop erreicht. Diese Weltlinie wird so konstruiert, dass sie entlang ihres Weges tangential an den Lichtkegeln der quadratischen Form Q anliegt.

Jetzt können wir die Rotverschiebung der Spektrallinien grafisch überprüfen. Stellen wir uns vor, eine dritte Galaxie, die 0,5 Ga-Licht hinter der Galaxie B liegt, sendet zur Zeit $t = 3$ Ga ein Lichtsignal aus. Dieses Signal würde zur Zeit $t = 3{,}5$ Ga die Galaxie B passieren. Wir können jetzt die Homogenität des Raums nutzen, um die Weltlinie dieses zweiten Lichtsignals zu konstruieren: Wir erhalten diese Weltlinie, indem wir die Weltlinie des ersten Lichtstrahls parallel nach links verschieben. In der Galaxie B gibt es eine Verzögerung von $\delta t = 0{,}5$ Ga zwischen den beiden

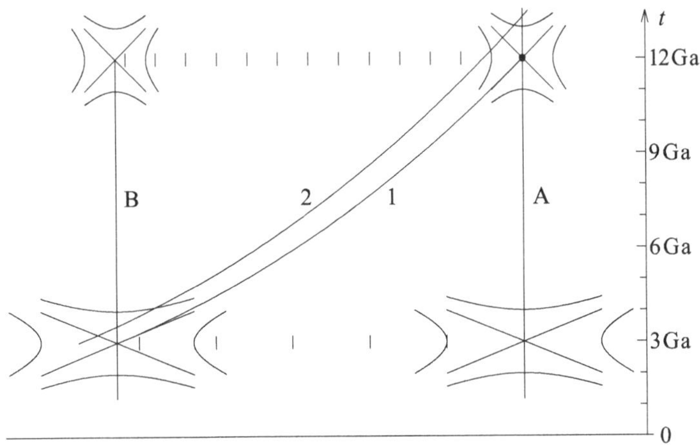

Abb. 13.2 Zwei Lichtsignale. In der Galaxie B passiert das Signal 2 0,5 Ga nach dem Signal 1. In der Galaxie A passiert das Signal 2 ungefähr 1,3 Ga nach dem Signal 1

Lichtsignalen. Aber wie wir aus Abb. 13.2 sehen können, wäre die Verzögerung in der Galaxie A größer (ungefähr $\delta t = 1{,}3\,\text{Ga}$).

Der gleiche Vergrößerungsfaktor zwischen den Verzögerungen von zwei Lichtsignalen, getrennt durch Milliarden von Jahren, hätten wir mit den Verzögerungen von Femtosekunden zwischen aufeinanderfolgenden Wellenfronten einer einzigen Welle. Das bedeutet, dass die Periode einer Welle, die in der Galaxie B zur Zeit $t = 3\,\text{Ga}$ ausgesendet wurde, kleiner wäre als die Periode derselben Welle, wenn sie in der Galaxie A zur Zeit $t = 12\,\text{Ga}$ beobachtet wird.

Die Ausdehnung des Universums hat zur Folge, dass die Materiedichte im Universum mit der Zeit abnimmt. Heute ist die Materiedichte so gering, dass eine elektromagnetische Welle Gigajahre lang reisen kann, ohne mit Materie zu wechselwirken. Aber das war nicht immer so. Nach dem Standardmodell muss es frühere Zeiten gegeben haben, in denen die Materiedichte so hoch war, dass elektromagnetische Wellen ständig absorbiert wurden. In diesen Zeiten verhielt sich das Universum wie ein schwarzer Körper, der das gesamte Licht absorbiert. Ein schwarzer Körper absorbiert nicht nur besser Licht als jeder andere Körper, sondern emittiert es auch besser als jeder andere Körper. Durch ständige Absorption und Emission stellt sich schnell ein thermisches Gleichgewicht zwischen Materie und Strahlung ein. Man nimmt an, dass die Temperatur des Universums in diesen Zeiten des jungen Universums extrem hoch war. Wir können uns vorstellen, dass das Universum während seiner Ausdehnung auf die gleiche Weise abkühlte, wie ein Gas während einer reversiblen und adiabatischen Expansion abkühlt.

Stellen wir uns also das junge Universum voller heißer und dichter Materie und voller thermischer Strahlung vor – ein unendlicher[4] Hochofen. Aufgrund der Ausdehnung nahm die Materiedichte langsam ab. Während der Ausdehnung kam

[4] Nach dem in Abb. 13.1 gezeigten Modell wäre das Universum unendlich ausgedehnt.

dann ein Zeitpunkt, an dem die Materiedichte so gering wurde, dass die thermische Strahlung aufhörte, mit der Materie zu interagieren. Seit dieser Zeit wäre die thermische Strahlung dann erhalten geblieben und sollte bis heute beobachtbar sein. Aber aufgrund des Doppler-Effekts, oder anders ausgedrückt, aufgrund der reversiblen adiabatischen Ausdehnung, sollte ihre Temperatur stark gesunken sein. Die Theoretiker Alpher[5] und Herman[6] schätzten die heutige Temperatur dieser Hintergrundstrahlung auf wenige Kelvin über dem absoluten Nullpunkt. Robert H. Dicke[7] versuchte, diese Strahlung mit großen Antennen zu detektieren. Aber kurz bevor Dicke Erfolg hatte, entdeckten Arno A. Penzias[8] und Robert W. Wilson[9], die nach etwas anderem suchten, die Hintergrundstrahlung und erhielten den Nobelpreis. Die Hintergrundstrahlung hat eine Temperatur von 2,8 K und ist im bevorzugten Bezugssystem extrem isotrop, d. h., sie hat die gleichen Eigenschaften, egal in welche Richtung man schaut. Nur sehr genaue Messungen konnten eine winzige Anisotropie nachweisen. Die Hintergrundstrahlung ist das älteste elektromagnetische Signal, das wir aus unserem Universum empfangen haben. Und da das Universum vor der Entkopplung von Strahlung und Materie völlig undurchsichtig war, werden wir sicherlich nie etwas Älteres beobachten.

Wenn wir das Modell auf Zeiten immer näher an $t = 0$ extrapolieren, kommen wir in Bereiche mit so hoher Materiedichte und so hohen Temperaturen, dass es nicht ausreicht, nur die Gravitationskräfte in der Beschreibung der Dynamik des Universums zu berücksichtigen. Man nimmt an, dass es nahe $t = 0$ einen Bereich mit einem noch anderen Verhalten gibt, mit einer gewaltigeren Ausdehnung des Universums. Während dieser Ausdehnung hat die Materie wahrscheinlich mehrere dramatische Veränderungen durchgemacht, ähnlich den Phasenübergängen, die in der Thermodynamik bekannt sind. Zur Zeit $t = 0$ hatte die Geometrie des Universums nach dem Modell eine Singularität – die Geburt des Universums, den *Big Bang*.

In den Abb. 13.1 und 13.2 verwenden wir den Wert von $t = 12$ Ga für das aktuelle Alter des Universums. Dieser Wert entspricht etwas veralteten Beobachtungsdaten. Heute wird das Alter des Universums auf 12 bis 18 Gigajahre geschätzt. Aber auch diese Werte sollten mit Vorsicht betrachtet werden; die Fehler bei der Bestimmung der Entfernungen der Galaxien und anderer relevanter Daten sind enorm und ihre Bewertung ist schwierig. Vor kurzem wurde eine Technik entwickelt, um Entfernungen mit den scheinbaren Helligkeiten von Explosionen zu bewerten, die den Kollaps bestimmter Sterne begleiten. Entfernungsmessungen mit dieser Methode deuten darauf hin, dass das Standardmodell möglicherweise geändert werden muss. Das gesamte Modell sollte mit großer Vorsicht betrachtet werden. Schließlich basiert es auf Hypothesen und einer extrem begrenzten Menge von Beobachtungs-

[5] Ralph Asher Alpher *1921–†2007. US-amerikanischer Physiker und Kosmologe.

[6] Robert Herman *1914–†1997. US-amerikanischer Physiker.

[7] Robert Henry Dicke *1916–†1997. US-amerikanischer Physiker.

[8] Arnold Allan Penzias *1933–†2024. US-amerikanischer Physiker der als Kind aus dem Nazi-Deutschland emigrierte.

[9] Robert Woodrow Wilson * 1936. US-amerikanischer Physiker.

daten. Aus der gesamten Raum-Zeit erhalten wir nur einige Informationsfragmente aus unserem vergangenen Lichtkegel, die über einige hundert Jahre (eine winzige Zeit auf der kosmologischen Skala) beobachtet wurden. Newtons Aussage bleibt wahr: „Was wir wissen, ist ein Tropfen, was wir nicht wissen, ist ein Ozean".

Übungen

Ü.13.1 Die Kurven, die die Weltlinien der Lichtsignale in Abb. 13.2 darstellen, werden durch Gleichungen der Form $x(t) = Ct^{1/3} + x_0$ beschrieben, wobei C eine Konstante ist, die für beide Lichtsignale gleich ist und einfach einen Skalierungsfaktor für die x-Achse der Zeichnung ausdrückt. Die beiden Kurven unterscheiden sich nur im Wert von x_0. Verwenden Sie diese Informationen, um zu zeigen, dass die Frequenzen des Lichts bei der Emission ν_E und bei der Beobachtung ν_O mit den Emissionszeiten t_E und Beobachtungszeiten t_O in der Form

$$\frac{\nu_O}{\nu_E} = \left(\frac{t_E}{t_O}\right)^{2/3}$$

zusammenhängen.

14 Lösungen der Übungen

Lösung Ü.1.1 Für $|\varepsilon| \ll 1$ haben wir $(1+\varepsilon)^s \approx 1 + s\varepsilon$. Wenn wir diese Näherung in den Ausdruck

$$t_B - t_A = \frac{2}{c}\left[\frac{l}{1-\left(\frac{u}{c}\right)^2} - \frac{l}{\sqrt{1-\left(\frac{u}{c}\right)^2}}\right]$$

einsetzen, erhalten wir:

$$t_B - t_A \approx \frac{2}{c}\left[l\left(1+\left(\frac{u}{c}\right)^2\right) - l\left(1+\frac{1}{2}\left(\frac{u}{c}\right)^2\right)\right] = \frac{l\left(\frac{u}{c}\right)^2}{c}\,.$$

In dieser Näherung haben wir die Formel $(1+\varepsilon)^s \approx 1 + s\varepsilon$ zweimal verwendet, indem wir ε mit $-u^2/c^2$ identifizierten, und es wurde $s = -1$ im ersten Term und $s = -1/2$ im zweiten verwendet.

Lösung Ü.1.2 Wir können die Erdbahn als annähernd kreisförmig mit einem Radius $r = 1{,}50 \cdot 10^{11}$ m betrachten. Die Geschwindigkeit der Erde im Bezugssystem der Sonne ist ein Vektor mit dem Betrag

$$v = \frac{2\pi \cdot 1{,}50 \cdot 10^{11}\,\mathrm{m}}{3{,}16 \cdot 10^7\,\mathrm{s}} = 2{,}98 \cdot 10^4\,\frac{\mathrm{m}}{\mathrm{s}}\,.$$

Alle Geschwindigkeiten beziehen sich auf das Bezugssystem der Sonne. Während eines Jahres beschreibt die Geschwindigkeit der Erde einen Kreis mit dem Radius v. Die relative Geschwindigkeit zwischen Äther und Erde wäre maximal, wenn die orthogonale Projektion der Äthergeschwindigkeit auf die Ebene der Erdbahn entgegengesetzt zur Geschwindigkeit der Erde zeigt (vergleiche Abb. 14.1). Seien $V_\perp$ und $V_\parallel$ die Beträge der Komponenten der Äthergeschwindigkeit, die senkrecht und parallel zur Erdbahn sind. Dann wäre der Betrag der relativen Geschwindigkeit

B. Lesche, *Relativitätstheorie*, https://doi.org/10.1007/978-3-662-73561-9_14

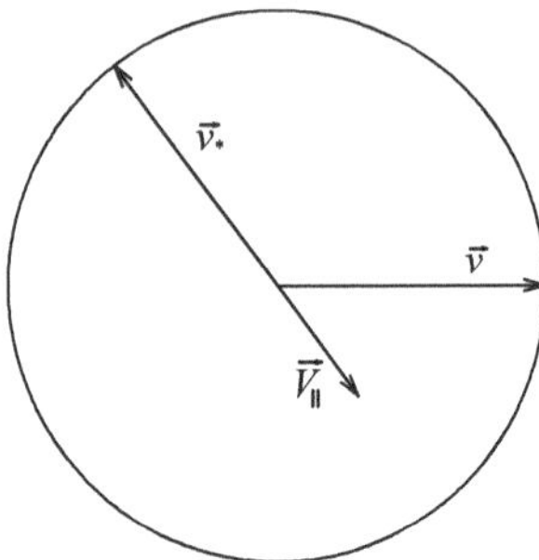

Abb. 14.1 Zur Ü.1.2: Geschwindigkeiten der Erde im Bezugssystem der Sonne. $\vec{v}$ = Geschwindigkeit der Erde zu einem beliebigen Zeitpunkt, $\vec{v}_*$ = Geschwindigkeit der Erde zum Zeitpunkt der höchsten relativen Geschwindigkeit zum Äther, $\vec{V}_{\parallel}$ = orthogonale Projektion der Äthergeschwindigkeit auf die Ebene der Erdbahn

zwischen Erde und Äther

$$V_{\text{MAX}} = \sqrt{\left(v + V_{\parallel}\right)^2 + V_{\perp}^2} \geq v\,.$$

Daher können wir sagen, dass die relative Geschwindigkeit zwischen Erde und Äther mindestens einmal pro Jahr Werte über $2{,}98 \cdot 10^4\,\frac{\text{m}}{\text{s}}$ erreichen muss.

Antwort Ü.1.3 $N = 2$ Streifen.

Lösung Ü.1.4 Gemäß der Idee des lokal mitgeführten Äthers würde es in der Nähe eines Glasstücks ein Ruhesystem des lokalen Äthers geben. Dieses Bezugssystem sollte für jede elektromagnetische Welle gleich sein. Aber wir wissen, dass der Brechungsindex von der Farbe des Lichts abhängt, aufgrund der chromatischen Dispersion des Materials. Dann müsste es einen anderen Äther für jede Wellenlänge geben!

Lösung Ü.2.1 a) und c) in Abb. 14.2.

b) im ursprünglichen Bezugssystem $\overrightarrow{ef} \to \begin{pmatrix} 3\,\text{s} \\ 3\,\text{cm} \end{pmatrix}_I$ und im neuen erhalten wir mit Gl. (2.1) $\overrightarrow{ef} \to \begin{pmatrix} 3\,\text{s} \\ -3\,\text{cm} \end{pmatrix}_{I'}$.

Lösung Ü.4.1 Wir beginnen mit den Achsen x und t des Bezugssystems I und markieren die Einheiten 1 cm und 1 cm/c (vergleiche Abb. 14.3). Dann zeichnen wir zwei Parallelen mit einer Neigung, so dass wir für jeden Schritt um eine Einheit auf der x-Achse, 2 Einheiten auf der t-Achse vorrücken. Dies sind die Weltlinien der Punkte A' und B' im Bezugssystem I'. Eine dritte Parallele, die das Intervall

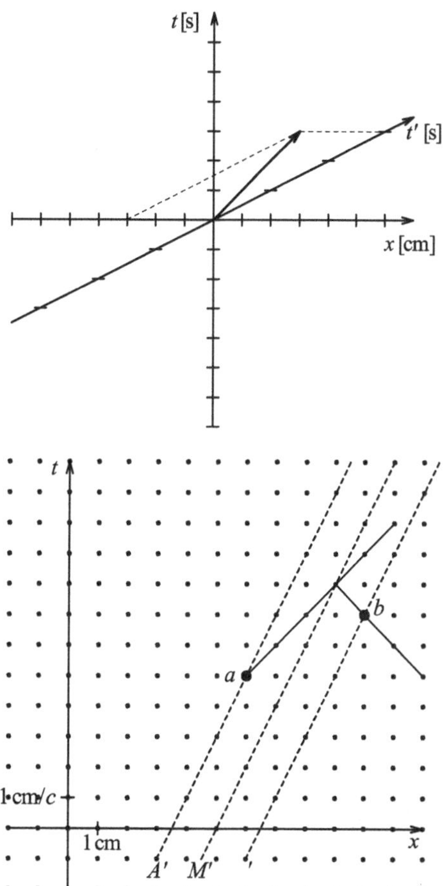

Abb. 14.2 Zur Ü.2.1: Nichtrelativistische Zerlegung eines 4-Vektors in räumliche und zeitliche Komponenten bezogen auf zwei Bezugssysteme

Abb. 14.3 Zur Ü.4.1: Konstruktion von gleichzeitigen Ereignissen bezogen auf das Bezugssystem, dessen Punkte den gestrichelten Weltlinien entsprechen

der Schnittpunkte einer beliebigen Geraden mit den Geraden A', B' halbiert, ist die Weltlinie des Zwischenpunktes M'. Bei A' wählen wir ein Ereignis a.

Von a aus zeichnen wir die Weltlinie eines Lichtpulses, der für jede Einheit auf der x-Achse eine Einheit auf der t-Achse vorrückt. Bei der Ankunft dieses Lichtpulses am Punkt M' beginnen wir mit der Konstruktion der Weltlinie eines anderen Lichtpulses, der zurückgeht, d. h. in die Vergangenheit, und dabei beachten wir, dass jede auf der t-Achse zurückgelegte Einheit einer auf der x-Achse vorgerückten Einheit entspricht. Der Schnittpunkt dieser Weltlinie mit der von B' ist das gesuchte Ereignis.

Lösung Ü.4.2 Wir müssen das Ereignis m auf der Weltlinie M' so wählen, dass die Weltlinien, die die Ereignisse m, a und m, b verbinden, Geschwindigkeiten kleiner als die Lichtgeschwindigkeit entsprechen. Die Abb. 14.4 zeigt das Ergebnis.

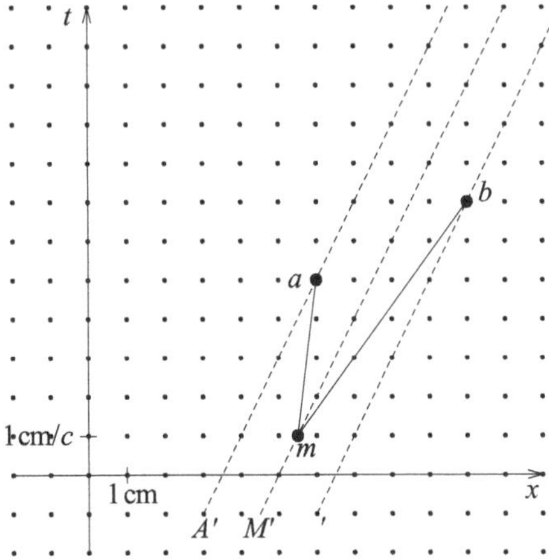

Abb. 14.4 Zur Ü.4.2: Gleichschenkliges Dreieck in der Raum-Zeit

Wir haben gerade ein gleichschenkliges Dreieck (m, a, b) in der Raum-Zeit konstruiert! Beachten Sie, dass dieses Dreieck im Diagramm nicht gleichschenklig erscheint. Die Geometrien des Papiers und der Raum-Zeit sind unterschiedlich.

Lösung Ü.5.1 Seien I und I' die in Frage kommenden Inertialsysteme und o das Ereignis, das als Koordinatenursprung in beiden Systemen dient.

In I' geschieht das Ereignis o an einem Punkt O', dessen Weltlinie die Koordinatenachse x_0' bildet. Sei P' ein Punkt auf der Koordinatenachse x_1'. Auf der Weltlinie P' konstruieren wir das Ereignis e, das gleichzeitig mit o im Bezugssystem I' ist, indem wir die Methode der Übung Ü.4.1 verwenden. Der Teil a) der Abb. 14.5 zeigt diese Konstruktion. In dieser Konstruktion verwenden wir Lichtpulse „Licht o" und „Licht e", die bei den Ereignissen o und e emittiert werden. Da e gleichzeitig mit dem Ursprungsereignis o in I' ist, haben wir $x_0'(e) = 0$ und daher

$$M_{00}x_0(e) + M_{01}x_1(e) = 0 \,. \tag{14.1}$$

Für den Rest des Beweises benötigen wir eine Beziehung zwischen $x_0(e)$ und $x_1(e)$. Wir verlängern die Weltlinie des Pulses „Licht e". Der Schnittpunkt dieser Weltlinie mit der Weltlinie O' definiert ein Ereignis f. Da I' eine Geschwindigkeit $u = \beta c$ in Bezug auf I in Richtung der Achse x_1 hat, haben wir

$$x_1(f) = \beta x_0(f) \,. \tag{14.2}$$

Seien F, M und E die Punkte in I, an denen die Ereignisse f, m und e stattfinden. Das Eintreffen des Pulses „Licht o" am Punkt F definiert ein Ereignis g, für das gilt

$$x_1(g) = x_1(f) \,, \tag{14.3}$$

da g und f beide in F stattfinden. Außerdem gilt

$$x_0(g) = x_1(g) \,, \tag{14.4}$$

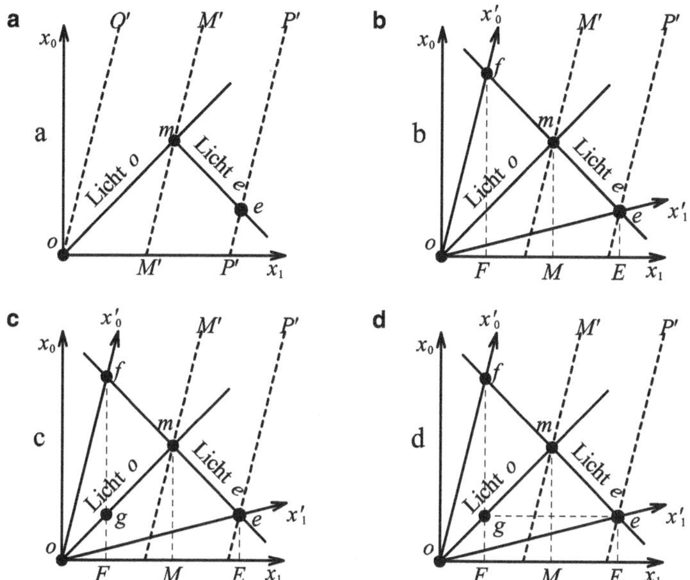

Abb. 14.5 Zu Ü.5.1: a) Konstruktion eines Ereignisses e, das relativ zu I' gleichzeitig mit dem Ursprungsereignis o ist. b) Die Linie, die o und e verbindet, bildet die Achse x_1', und die Weltlinie des Punktes O' bildet die Achse x_0'. Das Eintreffen des Lichtpulses „Licht e" am Punkt O' definiert das Ereignis f. c) Das Eintreffen des Lichtpulses „Licht o" am Punkt F definiert das Ereignis g. d) Die Ereignisse e und g sind in I gleichzeitig

da g auf einer Weltlinie des Lichts liegt, die durch o verläuft. Der Punkt M teilt das Intervall (F, E) in der Mitte und die Lichtpulse „Licht o" und „Licht e" treffen sich in M und „Licht o" passiert g. Dann sind g und e gleichzeitig in I. Dann gilt

$$x_0(g) = x_0(e) . \tag{14.5}$$

Da e und f durch ein Lichtsignal verbunden sind, das in Richtung $-x$ reist, gilt

$$x_1(e) - x_1(f) = -(x_0(e) - x_0(f)) . \tag{14.6}$$

Wenn wir die Gl. (14.3)–(14.6) zusammenfügen, erhalten wir

$$x_1(f) = x_0(e) ,$$
$$x_0(f) = x_1(e) .$$

Wenn wir diese Gleichungen in (14.2) und (14.1) einsetzen, erhalten wir schließlich das gewünschte Ergebnis.

Lösung Ü.5.2 Seien e_1 und e_2 zwei beliebige Ereignisse. Wir nennen die Koordinatendifferenzen dieser Ereignisse in den Bezugssystemen I und I' a_ν und a_ν', wobei der Index ν die Werte 0, 1, 2, 3 durchläuft. Damit nimmt die Gl. (5.10) die folgende Form an:

$$(a_0)^2 - (a_1)^2 - (a_2)^2 - (a_3)^2 = \left(a'_0\right)^2 - \left(a'_1\right)^2 - \left(a'_2\right)^2 - \left(a'_3\right)^2 . \tag{14.7}$$

Wir haben

$$a'_\mu = \sum_{\nu=0}^{3} M_{\mu\nu} a_\nu .$$

Wir können die rechte Seite der Gl. (14.7) schreiben als

$$\begin{aligned}
&\left(a'_0\right)^2 - \left(a'_1\right)^2 - \left(a'_2\right)^2 - \left(a'_3\right)^2 \\
&= \left(\sum_{\nu=0}^{3} M_{0\nu} a_\nu\right)^2 - \left(\sum_{\nu=0}^{3} M_{1\nu} a_\nu\right)^2 \\
&\quad - \left(\sum_{\nu=0}^{3} M_{2\nu} a_\nu\right)^2 - \left(\sum_{\nu=0}^{3} M_{3\nu} a_\nu\right)^2 \\
&= \sum_{\mu,\kappa,\nu,\lambda=0}^{3} M_{\mu\lambda} a_\lambda M_{\kappa\nu} a_\nu G_{\mu\kappa} \\
&= \sum_{\mu,\kappa,\nu,\lambda=0}^{3} a_\lambda M^{\mathsf{T}}_{\lambda\mu} G_{\mu\kappa} M_{\kappa\nu} a_\nu \\
&= \sum_{\nu,\lambda=0}^{3} a_\lambda (M^{\mathsf{T}} G M)_{\lambda\nu} a_\nu .
\end{aligned}$$

Die linke Seite der Gl. (14.7) kann als $\sum_{\lambda,\nu=0}^{3} a_\lambda G_{\lambda\nu} a_\nu$ geschrieben werden.

Dann erkennen wir: Wenn die Matrixgleichung $M^{\mathsf{T}} G M = G$ gilt, ist die Gl. (14.7), d. h. die Gl. (5.10), automatisch erfüllt. Umgekehrt, wenn die Gl. (14.7) für jeden Vektor a erfüllt ist, haben wir

$$\sum_{\lambda,\nu=0}^{3} a_\lambda (M^{\mathsf{T}} G M - G)_{\lambda\nu} a_\nu = 0$$

für jeden Spaltenvektor a. Wenn wir a als einen Spaltenvektor wählen, der nur ein Element ungleich Null hat, sehen wir sofort, dass die Diagonalelemente der Matrix $M^{\mathsf{T}} G M - G$ Null sind. Wenn wir für a einen Vektor wählen, der die Zahl 1 an den Stellen α und β und Null an den anderen Stellen hat und verwenden, dass $(M^{\mathsf{T}} G M - G)_{\alpha\alpha} = (M^{\mathsf{T}} G M - G)_{\beta\beta} = 0$, erhalten wir

$$(M^{\mathsf{T}} G M - G)_{\alpha\beta} + (M^{\mathsf{T}} G M - G)_{\beta\alpha} = 0 .$$

Da die Matrix $M^{\mathsf{T}} G M - G$ symmetrisch ist, bedeutet die letzte Gleichung $M^{\mathsf{T}} G M - G = 0$ und dies schließt den Beweis ab.

Lösung Ü.5.3 Wir können das Ergebnis der Übung Ü.5.2 verwenden und die Matrixgleichung $M^\mathsf{T} G M = G$ beweisen. Wir haben

$$M = M^\mathsf{T} = \begin{pmatrix} \gamma & -\beta\gamma & 0 & 0 \\ -\beta\gamma & \gamma & 0 & 0 \\ 0 & 0 & 1 & 0 \\ 0 & 0 & 0 & 1 \end{pmatrix},$$

$$\begin{aligned} M^\mathsf{T} G &= \begin{pmatrix} \gamma & -\beta\gamma & 0 & 0 \\ -\beta\gamma & \gamma & 0 & 0 \\ 0 & 0 & 1 & 0 \\ 0 & 0 & 0 & 1 \end{pmatrix} \begin{pmatrix} 1 & 0 & 0 & 0 \\ 0 & -1 & 0 & 0 \\ 0 & 0 & -1 & 0 \\ 0 & 0 & 0 & -1 \end{pmatrix} \\ &= \begin{pmatrix} \gamma & \beta\gamma & 0 & 0 \\ -\beta\gamma & -\gamma & 0 & 0 \\ 0 & 0 & -1 & 0 \\ 0 & 0 & 0 & -1 \end{pmatrix} \end{aligned}$$

und

$$\begin{aligned} M^\mathsf{T} G M &= \begin{pmatrix} \gamma & \beta\gamma & 0 & 0 \\ -\beta\gamma & -\gamma & 0 & 0 \\ 0 & 0 & -1 & 0 \\ 0 & 0 & 0 & -1 \end{pmatrix} \begin{pmatrix} \gamma & -\beta\gamma & 0 & 0 \\ -\beta\gamma & \gamma & 0 & 0 \\ 0 & 0 & 1 & 0 \\ 0 & 0 & 0 & 1 \end{pmatrix} \\ &= \begin{pmatrix} \gamma^2 - \beta^2\gamma^2 & -\beta\gamma^2 + \beta\gamma^2 & 0 & 0 \\ -\beta\gamma^2 + \beta\gamma^2 & -\gamma^2 + \beta^2\gamma^2 & 0 & 0 \\ 0 & 0 & -1 & 0 \\ 0 & 0 & 0 & -1 \end{pmatrix} \\ &= \begin{pmatrix} 1 & 0 & 0 & 0 \\ 0 & -1 & 0 & 0 \\ 0 & 0 & -1 & 0 \\ 0 & 0 & 0 & -1 \end{pmatrix}, \end{aligned}$$

wo wir im letzten Schritt verwendet haben, dass $\gamma^2 = (1 - \beta^2)^{-1}$.

Lösung Ü.5.4 Die Koordinatentransformation

$$\begin{pmatrix} x_0'' \\ x_1'' \\ x_2'' \\ x_3'' \end{pmatrix} = \begin{pmatrix} -\gamma & +\beta\gamma & 0 & 0 \\ -\beta\gamma & \gamma & 0 & 0 \\ 0 & 0 & 1 & 0 \\ 0 & 0 & 0 & 1 \end{pmatrix} \begin{pmatrix} x_0 \\ x_1 \\ x_2 \\ x_3 \end{pmatrix}$$

kann als eine gewöhnliche Lorentz-Transformation gefolgt von einer Zeitumkehr geschrieben werden:

$$x''_\nu = \sum_{\alpha,\beta=0}^{3} \Theta_{\nu\alpha} M_{\alpha\beta} x_\beta \quad \text{mit} \quad \Theta = \begin{pmatrix} -1 & 0 & 0 & 0 \\ 0 & 1 & 0 & 0 \\ 0 & 0 & 1 & 0 \\ 0 & 0 & 0 & 1 \end{pmatrix} .$$

Wir können leicht überprüfen, dass $\Theta^\mathsf{T} G \Theta = G$ und dann gilt auch für das Produkt ΘM die Gleichung

$$(\Theta M)^\mathsf{T} G (\Theta M) = M^\mathsf{T} \Theta^\mathsf{T} G \Theta M = G .$$

Obwohl die Transformation die Größe $Q(e_1, e_2)$ erhält, wäre sie nicht praktisch, da in den neuen Koordinaten t'' abnimmt, wenn die Zeit fortschreitet.

Lösung Ü.5.5 Intuitiv erwarten wir, dass die inverse Transformation der Umkehrung der relativen Geschwindigkeit entspricht. Um zu zeigen, dass diese Intuition zum richtigen Ergebnis führt, zeigen wir, dass die Matrix, die aus der Lorentz-Transformation durch Ersetzen von β durch $-\beta$ und Beibehalten von γ, das nur von dem Betrag von β abhängt, die Inverse ist:

$$\begin{aligned} &\begin{pmatrix} \gamma & -\beta\gamma & 0 & 0 \\ -\beta\gamma & \gamma & 0 & 0 \\ 0 & 0 & 1 & 0 \\ 0 & 0 & 01 & \end{pmatrix} \begin{pmatrix} \gamma & +\beta\gamma & 0 & 0 \\ +\beta\gamma & \gamma & 0 & 0 \\ 0 & 0 & 1 & 0 \\ 0 & 0 & 01 & \end{pmatrix} \\ &= \begin{pmatrix} \gamma^2 - \beta^2\gamma^2 & +\beta\gamma^2 - \beta\gamma^2 & 0 & 0 \\ -\beta\gamma^2 + \beta\gamma^2 & -\beta^2\gamma^2 + \gamma^2 & 0 & 0 \\ 0 & 0 & 1 & 0 \\ 0 & 0 & 0 & 1 \end{pmatrix} \\ &= \begin{pmatrix} 1 & 0 & 0 & 0 \\ 0 & 1 & 0 & 0 \\ 0 & 0 & 1 & 0 \\ 0 & 0 & 0 & 1 \end{pmatrix} . \end{aligned}$$

Lösung Ü.5.6 Wir schreiben die Transformationen in Matrixform:

$$I \to I'\colon \begin{pmatrix} \gamma_1 & -\beta_1\gamma_1 & 0 & 0 \\ -\beta_1\gamma_1 & \gamma_1 & 0 & 0 \\ 0 & 0 & 1 & 0 \\ 0 & 0 & 0 & 1 \end{pmatrix},$$

$$I' \to I''\colon \begin{pmatrix} \gamma_2 & -\beta_2\gamma_2 & 0 & 0 \\ -\beta_2\gamma_2 & \gamma_2 & 0 & 0 \\ 0 & 0 & 1 & 0 \\ 0 & 0 & 0 & 1 \end{pmatrix}.$$

Die Transformation $I \to I''$ entspricht dem Produkt:

$$\begin{pmatrix} \gamma_2 & -\beta_2\gamma_2 & 0 & 0 \\ -\beta_2\gamma_2 & \gamma_2 & 0 & 0 \\ 0 & 0 & 1 & 0 \\ 0 & 0 & 0 & 1 \end{pmatrix} \begin{pmatrix} \gamma_1 & -\beta_1\gamma_1 & 0 & 0 \\ -\beta_1\gamma_1 & \gamma_1 & 0 & 0 \\ 0 & 0 & 1 & 0 \\ 0 & 0 & 0 & 1 \end{pmatrix}$$

$$= \begin{pmatrix} \gamma_1\gamma_2 + \beta_1\beta_2\gamma_1\gamma_2 & -(\beta_1 + \beta_2)\gamma_1\gamma_2 & 0 & 0 \\ -(\beta_1 + \beta_2)\gamma_1\gamma_2 & \gamma_1\gamma_2 + \beta_1\beta_2\gamma_1\gamma_2 & 0 & 0 \\ 0 & 0 & 1 & 0 \\ 0 & 0 & 0 & 1 \end{pmatrix}.$$

Es ist sinnvoll, diese Matrix in Form einer Lorentz-Transformation zu schreiben. Dann werden wir sehen, ob $\gamma_1\gamma_2 + \beta_1\beta_2\gamma_1\gamma_2$ und $(\beta_1 + \beta_2)\gamma_1\gamma_2$ jeweils als ein γ und ein $\beta\gamma$ interpretiert werden können. Wenn diese Ausdrücke auf diese Weise interpretiert werden können, haben wir

$$\beta = \frac{(\beta_1 + \beta_2)\gamma_1\gamma_2}{\gamma_1\gamma_2 + \beta_1\beta_2\gamma_1\gamma_2} = \frac{(\beta_1 + \beta_2)}{1 + \beta_1\beta_2}.$$

Das zu diesem β gehörende γ wird das folgende sein:

$$\begin{aligned} \gamma &= \frac{1}{\sqrt{1-\beta^2}} = \frac{1}{\sqrt{1 - \frac{(\beta_1+\beta_2)^2}{(1+\beta_1\beta_2)^2}}} \\ &= \frac{1 + \beta_1\beta_2}{\sqrt{\left(1 + 2\beta_1\beta_2 + (\beta_1\beta_2)^2\right) - \left(\beta_1^2 + 2\beta_1\beta_2 + \beta_2^2\right)}} \\ &= \frac{1 + \beta_1\beta_2}{\sqrt{(1-\beta_1^2)(1-\beta_2^2)}} = (1 + \beta_1\beta_2)\gamma_1\gamma_2 . \end{aligned}$$

Dies stimmt tatsächlich mit $\gamma_1\gamma_2 + \beta_1\beta_2\gamma_1\gamma_2$ überein. Daher können wir sagen, dass die Transformation $I \to I''$ eine Lorentz-Transformation mit Geschwindigkeit

$$u = \beta c = \frac{u_1 + u_2}{1 + \frac{u_1 u_2}{c^2}}$$

ist. Beachten Sie, dass wir nicht-relativistisch $u = u_1 + u_2$ hätten.

Lösung Ü.5.7 $$\begin{pmatrix} \gamma & 0 & 0 & -\beta\gamma \\ 0 & 1 & 0 & 0 \\ 0 & 0 & 1 & 0 \\ -\beta\gamma & 0 & 0 & \gamma \end{pmatrix}$$

Lösung Ü.5.8 Die Rotation ist gegeben durch

$$\begin{pmatrix} 1 & 0 & 0 & 0 \\ 0 & \cos\theta & 0 & -\sin\theta \\ 0 & 0 & 1 & 0 \\ 0 & \sin\theta & 0 & \cos\theta \end{pmatrix}$$

und das endgültige Ergebnis ist

$$\begin{pmatrix} \gamma & -\beta\gamma S & 0 & -\beta\gamma C \\ -\beta\gamma S & C^2 + S^2\gamma & 0 & SC(\gamma - 1) \\ 0 & 0 & 1 & 0 \\ -\beta\gamma C & SC(\gamma - 1) & 0 & S^2 + C^2\gamma \end{pmatrix},$$

wo $S = \sin\theta$ und $C = \cos\theta$.

Lösung Ü.6.1 Ein fester Punkt in I' hat in I die Geschwindigkeit $\vec{v} = 0{,}7c\vec{e}_x$. Um die Geschwindigkeit dieses Punktes im Bezugssystem I'' zu beurteilen, können wir die Gleichungen (6.7) und (6.8) verwenden, wobei das Bezugssystem I'' die Rolle des Bezugssystems I' in diesen Gleichungen spielt. Mit $u = -0{,}8c$ erhalten wir:

$$v''_x = \frac{0{,}7c - (-0{,}8c)}{1 - \frac{(-0{,}8c)\cdot 0{,}7c}{c^2}} = \frac{1{,}5c}{1{,}56} \approx 0{,}962c$$

und $v''_y = v''_z = 0$.

Lösung Ü.6.2 Mit den Gl. (6.7) und (6.8) und $\vec{v} = c\vec{e}_y$ erhalten wir

$$v'_x = \frac{-u}{1 - \frac{u\cdot 0}{c^2}} = -u\,, \quad v'_y = c\sqrt{1 - (u/c)^2}\,, \quad v'_z = 0\,.$$

Der Betrag dieser Geschwindigkeit ist

$$|\vec{v}'| = \sqrt{u^2 + c^2\left(1 - \frac{u^2}{c^2}\right)} = c \ .$$

Dies ist ein weiteres Beispiel für die Invarianz des Betrags der Lichtgeschwindigkeit.

Lösung Ü.6.3 Die Aufgabe besteht darin, die Gl. (6.7) und (6.8) umzukehren. Wir wissen bereits, dass es ausreicht, u durch $-u$ zu ersetzen, um die umgekehrte Transformation zu erhalten:

$$v_x = \frac{v'_x + u}{1 + \frac{uv'_x}{c^2}}, \quad v_y = v'_y \frac{\sqrt{1 - u^2/c^2}}{1 + \frac{uv'_x}{c^2}}, \quad v_z = v'_z \frac{\sqrt{1 - u^2/c^2}}{1 + \frac{uv'_x}{c^2}} \ .$$

Lösung Ü.6.4 Sei I das Laborreferenzsystem, in dem sich ein Stück transparentes Material in Richtung x mit Geschwindigkeit u bewegt. Sei I' das Ruhesystem dieses Materials. Die Ausbreitungsgeschwindigkeit einer Lichtwelle in diesem Material in Bezug auf das Referenzsystem I' beträgt $v = c/n$. Stellen Sie sich nun eine Lichtwelle vor, die sich in Richtung x ausbreitet. Ein Beobachter im Referenzsystem I misst die Ausbreitungsgeschwindigkeit der Wellenfronten

$$\begin{aligned} v_x &= \frac{v'_x + u}{1 + \frac{uv'_x}{c^2}} = \frac{c/n + u}{1 + \frac{uc/n}{c^2}} \\ &\approx (c/n + u)\left(1 - \frac{uc/n}{c^2}\right) \approx \frac{c}{n} + u\left(1 - \frac{1}{n^2}\right) . \end{aligned}$$

Aus nicht-relativistischer Sicht erwartet man die Geschwindigkeit $\frac{c}{n} + u$. Die Korrektur $(1 - \frac{1}{n^2})$ wird dann als Mitnahmefaktor interpretiert.

Lösung Ü.7.1 29.979.245.800 cm entsprechen einer Sekunde. 1 cm auf der Achse x_1 durch 1 cm und 1 s auf der Achse t durch 1 cm darzustellen bedeutet daher, einen Skalierungsfaktor 29.979.245.800 zwischen diesen Achsen einzuführen. Wir führen zunächst einen Skalierungsfaktor 2 ein, dann einen Faktor 10 und schließlich den Faktor 29.979.245.800. Die Abb. 14.6 zeigt die Raum-Zeit mit diesen Skalierungen. Der Lichtkegel ist gezeichnet. Wir sehen, dass im Fall des Faktors 29.979.245.800 der Lichtkegel innerhalb der Hyperebene (x_1, x_2, x_3) verschwindet. Der Leser sollte versuchen, in diesen Figuren die Hyperboloiden $Q(\vec{a}) = (1\,\text{cm})^2$, $Q(\vec{a}) = (2\,\text{cm})^2$, $Q(\vec{a}) = (10\,\text{cm})^2$ und $Q(\vec{a}) = (29.979.245.800\,\text{cm})^2$ zu zeichnen. Das Hyperboloid im letzten Bild erklärt die horizontale Projektion der Einheit 1 s aus Abb. 2.1 des Kap. 2.

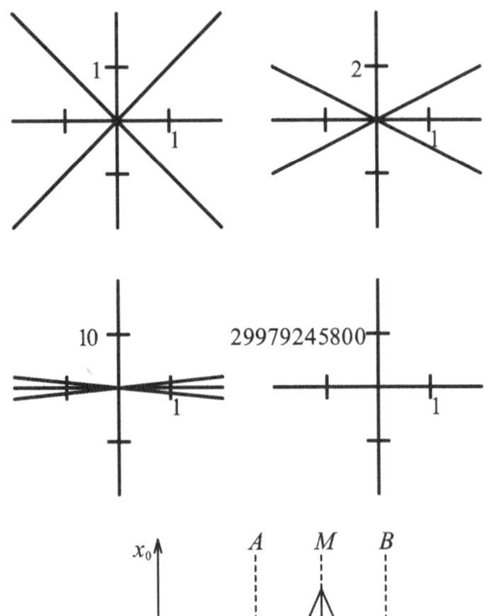

Abb. 14.6 Lichtkegel mit vier verschiedenen Skalierungsfaktoren auf der Zeitachse

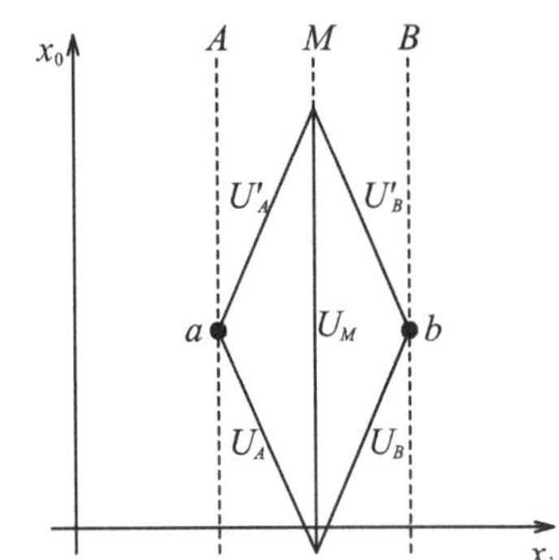

Abb. 14.7 Weltlinien von fünf Uhren bei der Messung einer räumlichen Entfernung

Lösung Ü.7.2 Aus der Abb. 14.7 entnehmen wir, dass für die Uhr U_B die Gleichung $d(M, B) = \frac{d(A,B)}{2} = v\frac{\tau_M}{2}$ gilt.

Daher ist die Geschwindigkeit $v = \frac{d(A,B)}{\tau_M}$. Die Geschwindigkeiten der Uhren U_A, U'_A und U'_B sind in Betrag gleich diesem Wert.

Lösung Ü.7.3 Wir verwenden die Fehlerfortpflanzung mit Grenzfehlerbewertung:

$$\delta d \approx \left|\frac{\partial d}{\partial \tau_M}\right| \delta\tau_M + \left|\frac{\partial d}{\partial \tau}\right| \delta\tau = \frac{2\tau_M \delta\tau_M + 8\tau\delta\tau}{2\sqrt{\tau_M^2 - 4\tau^2}}$$

$$= \frac{\tau_m^2 \delta\tau_M}{d\,\tau_m} + 4\frac{\tau^2 \delta\tau}{d\,\tau} .$$

Für den relativen Fehler erhalten wir

$$\frac{\delta d}{d} \approx \frac{\tau_m^2 \delta\tau_M}{d^2 \tau_m} + 4\frac{\tau^2 \delta\tau}{d^2 \tau} \approx 2\frac{\tau_m^2 \delta\tau_M}{d^2 \tau_m} = \frac{2}{v^2}\frac{\delta\tau_M}{\tau_M} = \frac{2}{v^2}\rho ,$$

wo v die Geschwindigkeit der Uhren ist. Um $\frac{\delta d}{d} \leq 10^{-6}$ mit $\rho = 10^{-8}$ zu haben, benötigen wir dann

$$v \geq \sqrt{\frac{2\rho}{\delta d/d}} = \sqrt{2 \cdot 10^{-8} \cdot 10^{6}} \approx 0{,}14\ .$$

Das bedeutet, dass die Uhren 14 % der Lichtgeschwindigkeit haben müssten!

Lösung Ü.7.4 Die Raum-Zeit hat nicht die Struktur eines Verbandes.

Lösung Ü.7.5 In der Definition von Q wurde die Lichtgeschwindigkeit benutzt, deren Messung unabhängige Messvorschriften und Standards für räumliche und zeitliche Abstände zulässt. Bei der Definition von q wurde weder Licht, noch die Lichtgeschwindigkeit benutzt. Setzt man jedoch in Q den Faktor c gleich 1, indem man als Messung räumlicher Abständ die Zeit benutzt, die das Licht benötingt, um die zu messende Strecke zurückzulegen, so stimmen Q und q als Funktionen auf dem Raum der 4-Vektoren überein.

Lösung Ü.8.1

a) $\vec{k_0} = (\vec{e}_x \cos\theta + \vec{e}_y \sin\theta)\frac{2\pi}{500\,\text{nm}}$, $\omega_0 = \frac{2\pi c}{\lambda_0} \approx 3{,}77 \cdot 10^{15}\text{s}^{-1}$.
b) Die Komponenten des 4-Wellenvektors im Bezugssystem I sind gegeben durch

$$\vec{K} = \begin{pmatrix} \omega_0/c \\ \left(\vec{k_0}\right)_x \\ \left(\vec{k_0}\right)_y \\ \left(\vec{k_0}\right)_z \end{pmatrix}_I = \frac{2\pi}{500\,\text{nm}} \begin{pmatrix} 1 \\ \cos\theta \\ \sin\theta \\ 0 \end{pmatrix}_I .$$

Derselbe 4-Wellenvektor im Bezugssystem I' hat die Form:

$$\vec{K} = \begin{pmatrix} \omega_0'/c \\ \left(\vec{k_0'}\right)_x \\ \left(\vec{k_0'}\right)_y \\ \left(\vec{k_0'}\right)_z \end{pmatrix}_{I'} = \frac{2\pi}{500\,\text{nm}} \begin{pmatrix} \gamma & -\beta\gamma & 0 & 0 \\ -\beta\gamma & \gamma & 0 & 0 \\ 0 & 0 & 1 & 0 \\ 0 & 0 & 0 & 1 \end{pmatrix} \begin{pmatrix} 1 \\ \cos\theta \\ \sin\theta \\ 0 \end{pmatrix}$$

$$= \frac{2\pi}{500\,\text{nm}} \begin{pmatrix} \gamma - \beta\gamma\cos\theta \\ -\beta\gamma + \gamma\cos\theta \\ \sin\theta \\ 0 \end{pmatrix}_{I'} .$$

Mit $u = 300\,\text{km/s}$ haben wir $\beta \approx 10^{-3}$ und $\gamma \approx 1{,}0000005 \approx 1$. Dann $\omega' \approx \omega(1 - 10^{-3} \cdot \cos\theta)$, $k_x' \approx \frac{2\pi}{500\,\text{nm}}(-10^{-3} + \cos\theta)$, $k_y' = \frac{2\pi}{500\,\text{nm}} \sin\theta$, $k_z' = 0$.

Lösung Ü.8.2 Das Licht des Sterns trifft voraussetzungsgemäß senkrecht auf die Ebene der Erdumlaufbahn. Wir legen die y-Achse in diese Richtung und betrachten einen Moment, in dem sich die Erde in Richtung x bewegt. Im Bezugssystem, das an den Fixsternen verankert ist, ist der 4-Wellenvektor

$$\frac{2\pi}{\lambda_0}\begin{pmatrix}1\\0\\1\\0\end{pmatrix}_I$$

und im Bezugssystem der Erde:

$$\vec{K} = \begin{pmatrix}\omega'/c\\ (\vec{k}')_x\\ (\vec{k}')_y\\ (\vec{k}')_z\end{pmatrix}_{I'}$$

$$= \frac{2\pi}{\lambda_0}\begin{pmatrix}\gamma & -\beta\gamma & 0 & 0\\ -\beta\gamma & \gamma & 0 & 0\\ 0 & 0 & 1 & 0\\ 0 & 0 & 0 & 1\end{pmatrix}\begin{pmatrix}1\\0\\1\\0\end{pmatrix} = \frac{2\pi}{\lambda_0}\begin{pmatrix}\gamma\\ -\beta\gamma\\ 1\\ 0\end{pmatrix}_{I'} .$$

Dann erhalten wir für den Aberrationswinkel $\tan|\theta'| = \frac{-\beta\gamma}{1}$. Wir haben $\theta' = \frac{20{,}5\cdot 2\pi}{360\cdot 60\cdot 60} \approx 9{,}94\cdot 10^{-5}$; dieser Wert ist so klein, dass wir $\tan|\theta'| \approx |\theta'|$ und $\gamma \approx 1$ annehmen können. Dann haben wir $\beta \approx 9{,}94\cdot 10^{-5}$ und die Geschwindigkeit der Erde wäre $u = 9{,}94\cdot 10^{-5}\cdot c = 2{,}98\cdot 10^4\,\mathrm{m/s}$. Andererseits wissen wir, dass $u = 2\pi r/\mathrm{a}$. Daher erhalten wir

$$r = ua/2\pi \approx 2{,}98\cdot 10^4\,\frac{\mathrm{m}}{\mathrm{s}}\,\frac{3{,}16\cdot 10^7\,\mathrm{s}}{2\pi} = 1{,}50\cdot 10^{11}\,\mathrm{m}\,.$$

Lösung Ü.8.3 Wenn das Atom mit Geschwindigkeit u auf den Beobachter zufliegt, wird dieser eine höhere Frequenz $\omega = \omega_0\gamma(1+\beta)$ beobachten. Dann haben wir eine relative Frequenzänderung $\delta\omega/\omega = \gamma(1+\beta) - 1$. Die typischen Geschwindigkeiten der Atome sind gegeben durch

$$v \approx \sqrt{\frac{kT}{m}} = \sqrt{\frac{1{,}38\cdot 10^{-23}\,\mathrm{JK^{-1}}\cdot 2000\,\mathrm{K}}{1{,}67\cdot 10^{-27}\,\mathrm{kg}}} = 4{,}07\cdot 10^3\,\mathrm{m/s}\,.$$

Daher ist $\beta \approx 10^{-5}$ und wir können $\gamma \approx 1$ verwenden. Dann haben wir $\delta\omega/\omega \approx 10^{-5}$.

Lösung Ü.9.1 Seien die Ereignisse a, b und c so gegeben, dass c nach b und b nach a stattfindet. Darüber hinaus sind die Ereignisse beliebig. Da a und c zeitlich

Abb. 14.8 Zur Ü.9.2:
$s(a,b) + s(b,c) = s(a,c)$,
$s(a,b') + s(b',c) < s(a,c)$,
$s(a,b'') + s(b'',c) > s(a,c)$

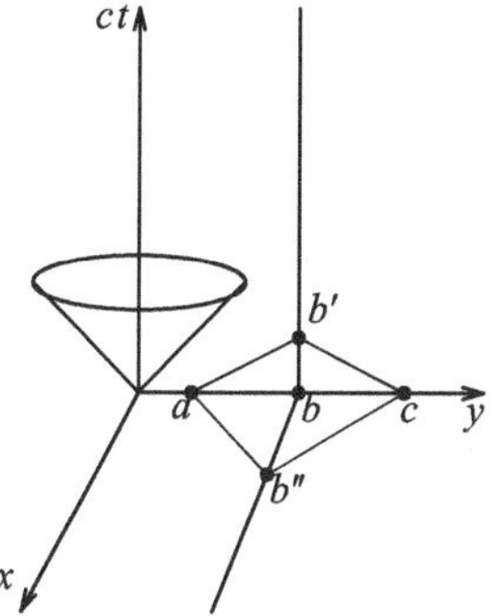

vergleichbar sind, gibt es ein Bezugssystem, in dem a und c am selben Punkt stattfinden. In den mit diesem Bezugssystem verbundenen Lorentz-Koordinaten haben wir

$$\tau(a,c) = t_c - t_a \; . \tag{14.8}$$

Wir erhalten für die zeitlichen Abstände zwischen a und b sowie zwischen b und c:

$$\begin{aligned} \tau(a,b) &= \frac{1}{c}\sqrt{c^2(t_b - t_a)^2 - (x_b - x_a)^2 - (y_b - y_a)^2 - (z_b - z_a)^2} \\ &\leq t_b - t_a \; , \\ \tau(b,c) &= \frac{1}{c}\sqrt{c^2(t_c - t_b)^2 - (x_c - x_b)^2 - (y_c - y_b)^2 - (z_c - z_b)^2} \\ &\leq t_c - t_b \; . \end{aligned}$$

Wenn wir die Ungleichheiten addieren und $t_c - t_a = (t_c - t_b) + (t_b - t_a)$ und Gl. (14.8) verwenden, erhalten wir $\tau(a,b) + \tau(b,c) \leq \tau(a,c)$. Wir bemerken in diesem Beweis, dass das Gleichheitszeichen nur gilt, wenn das Ereignis b auch am selben Punkt wie die Ereignisse a und c stattfindet, d. h. wenn das Dreieck (a,b,c) degeneriert ist.

Lösung Ü.9.2 Für den Aufbau von Gegenbeispielen wählen wir ein Inertialsystem I und drei Ereignisse a, b, c, die gleichzeitig in Bezug auf I auf der y-Achse stattfinden. Nehmen wir an, dass der Punkt, an dem b stattfindet, in der Mitte zwischen den Punkten liegt, an denen a und c stattfinden, wie in der Abb. 14.8 gezeigt. Für diese drei Ereignisse gilt offensichtlich $s(a,b) + s(b,c) = s(a,c)$.

Nun ersetzen wir das Ereignis b durch eines, das am selben Ort stattfindet, aber zu einem Zeitpunkt $t = \frac{\varepsilon L}{2c}$ nach b, wobei $0 < \varepsilon < 1$, c die Lichtgeschwindigkeit und L der räumliche Abstand zwischen den Punkten ist, an denen die Ereignisse a und c stattfinden. Mit $0 < \varepsilon < 1$ sind die Ereignisse a, b', c räumlich getrennt. Für dieses neue Dreieck (a,b',c) gilt:

$$s(a,b') + s(b',c) = 2\sqrt{\frac{L^2}{4} - \varepsilon^2\frac{L^2}{4}} = L\sqrt{1-\varepsilon^2} < L = s(a,c) \; ,$$

das heißt, die umgekehrte Dreiecksungleichung. Andererseits, wenn wir das Ereignis b durch ein b'' ersetzen, das gleichzeitig mit a und in Richtung x verschoben ist, erhalten wir die gewöhnliche Dreiecksungleichung, da in diesem Fall s mit den üblichen Abständen im Raum des gewählten Bezugssystems übereinstimmt. Daher können wir keine allgemeine Dreiecksungleichung für räumlich getrennte Ereignisse formulieren. Wenn wir jedoch die Ereignisse auf eine Hyperfläche der Gleichzeitigkeit eines bestimmten Bezugssystems beschränken, erhalten wir die gewöhnliche Dreiecksungleichung.

Lösung Ü.9.3 Die Tatsache, dass das Myon für $2 \cdot 10^{-6}$ s existierte, bedeutet, dass die Weltlinie des Myons zwischen dem Produktionsereignis e_E und dem Zerfallsereignis e_Z eine Länge von $2 \cdot 10^{-6}$ s hat. Da die Weltlinie in diesem Fall gerade ist, stimmt diese Eigenzeit mit dem zeitlichen Abstand dieser Ereignisse überein. Daher haben wir:

$$\begin{aligned} 2 \cdot 10^{-6}\,\mathrm{s} &= \frac{1}{c}\sqrt{c^2(t_Z - t_E)^2 - (z_Z - z_E)^2} \\ &= \frac{1}{c}\sqrt{c^2\frac{(z_Z - z_E)^2}{v^2} - (z_Z - z_E)^2} \\ &= \frac{z_E - z_Z}{v}\sqrt{1 - v^2/c^2}\,. \end{aligned}$$

Und folglich

$$z_E - z_Z = \frac{v \cdot 2 \cdot 10^{-6}\,\mathrm{s}}{\sqrt{1 - v^2/c^2}} = 19.979{,}4\,\mathrm{m}$$

und $z_Z \approx 21$ m.

Lösung Ü.9.4 Das Alter des Astronauten bei der Ankunft auf der Erde ist 40 Jahre + die Länge seiner Weltlinie zwischen dem Ereignis des Startes von der Erde S_E und der Ankunft auf der Erde A_E (vergleiche Abb. 14.9). Wenn wir S_E als Ursprung der Koordinaten des Erdreferenzsystems verwenden und wenn wir $c = 1$ benutzen, erhalten wir für die Koordinaten der Ankunft am Stern: $t_{A_S} = \frac{10\,\mathrm{a}}{0{,}9}$, $x_{A_S} = 10\,\mathrm{a}$. Das Alter des Astronauten bei der Ankunft auf der Erde wird

$$\begin{aligned} \text{Alter} &= 40\,\mathrm{a} + \tau(S_E, A_S) + \tau(A_S, S_S) + \tau(S_S, A_E) \\ &= 40\,\mathrm{a} + \sqrt{\left(\frac{10\,\mathrm{a}}{0{,}9}\right)^2 - (10\,\mathrm{a})^2} + 1\,\mathrm{a} + \sqrt{\left(\frac{10\,\mathrm{a}}{0{,}9}\right)^2 - (10\,\mathrm{a})^2} \\ &= 40\,\mathrm{a} + 10{,}7\,\mathrm{a} = 50{,}7\,\mathrm{a} \end{aligned}$$

sein.

Der auf der Erde gebliebene Zwillingsbruder wird bei der Ankunft das Alter von $40\,\mathrm{a} + 2 \cdot \frac{10\,\mathrm{a}}{0{,}9} + 1\,\mathrm{a} = 63{,}2\,\mathrm{a}$ haben.

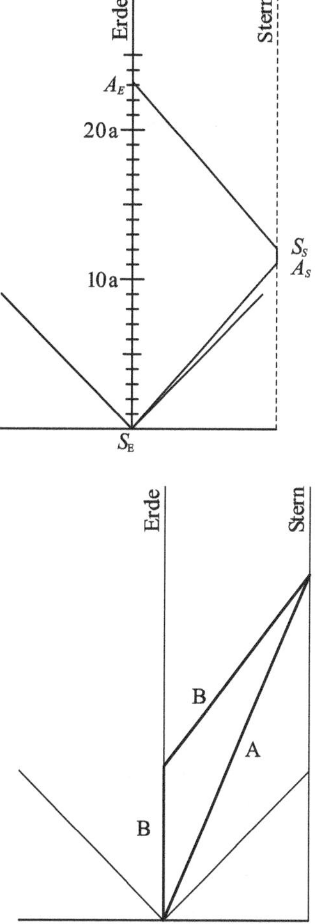

Abb. 14.9 Weltlinie des Astronauten aus Übung 9.4, der zu einem Stern reist, der 10 Lichtjahre von der Erde entfernt ist. Ein Lichtkegel ist auch dargestellt, um die Geschwindigkeiten vergleichen zu können

Abb. 14.10 Weltlinien der Astronautenbrüder aus Übung 9.5

Lösung Ü.9.5 Mit der umgekehrten Dreiecksungleichung wissen wir, dass Bruder A älter sein wird. Die Abb. 14.10 zeigt das Dreieck.

Lösung Ü.9.6 a) Betrachten wir zunächst eine beliebige Bewegung entlang der x-Achse eines Inertialsystems I. Seien v und a die Geschwindigkeit und Beschleunigung der Bewegung in I. Sei I' ein Inertialsystem, das sich in Richtung x mit Geschwindigkeit u bewegt. Wir berechnen die Beschleunigung a' in I'. Mit den Gl. (6.3) und (6.6) erhalten wir:

$$\begin{aligned} a' &= \frac{dv'}{dt'} = \frac{dv'}{dt}\frac{dt}{dt'} = \gamma a \left(\frac{dt}{dt'}\right)^2 + \gamma(v-u)\frac{d^2 t}{dt'^2} \\ &= \frac{a}{\gamma^3\left(1 - \frac{uv}{c^2}\right)^3} \,. \end{aligned}$$

Im Fall, dass I' das momentane Ruhesystem des sich bewegenden Objekts ist, haben wir $v = u$ und folglich

$$a' = a\gamma^3 \,. \tag{14.9}$$

Mit der Funktion $x(t) = \sqrt{l^2 + c^2t^2}$ erhalten wir

$$v = \frac{c^2 t}{\sqrt{l^2 + c^2t^2}} \,, \tag{14.10}$$

$$\gamma = \frac{\sqrt{l^2 + c^2t^2}}{l} \tag{14.11}$$

und

$$a = \frac{l^2c^2}{(l^2 + c^2t^2)^{3/2}} = \frac{c^2}{l\gamma^3} \,. \tag{14.12}$$

Mit Gl. (14.9) folgt, dass die Beschleunigung im Ruhesystem c^2/l sein wird. b) Antwort: ungefähr 5 Jahre.

Lösung 10.1

a) Antwort: $M = m\sqrt{2(1 + \frac{1}{\sqrt{1-v^2/c^2}})}$.
b) Antwort: $v_M = \frac{v}{1+\sqrt{1-v^2/c^2}}$.

Lösung 10.2 Antwort: $M_f = M_i\sqrt{\frac{c-v}{c+v}}$.

Lösung Ü.10.3 Antwort: $4{,}5 \cdot 10^{21}$ J.

Lösung Ü.11.1 Antwort:

$$\begin{pmatrix} \vec{v}\cdot\vec{F}/c\sqrt{1-\vec{v}^2/c^2} \\ F_x/\sqrt{1-\vec{v}^2/c^2} \\ F_x/\sqrt{1-\vec{v}^2/c^2} \\ F_x/\sqrt{1-\vec{v}^2/c^2} \end{pmatrix}
= \begin{pmatrix} 0 & E_xc^{-1} & E_yc^{-1} & E_zc^{-1} \\ E_xc^{-1} & 0 & B_z & -B_y \\ E_yc^{-1} & -B_z & 0 & B_x \\ E_zc^{-1} & B_y & -B_x & 0 \end{pmatrix} \begin{pmatrix} c/\sqrt{1-\vec{v}^2/c^2} \\ v_x/\sqrt{1-\vec{v}^2/c^2} \\ v_y/\sqrt{1-\vec{v}^2/c^2} \\ v_z/\sqrt{1-\vec{v}^2/c^2} \end{pmatrix} .$$

Lösung Ü.11.2: Antworten: a) $\vec{a} = -1{,}76\cdot 10^{19}\,\mathrm{ms}^{-2}\vec{e}_x$. b) $\vec{a} = -4{,}93\cdot 10^{16}\,\mathrm{ms}^{-2}\vec{e}_x$.

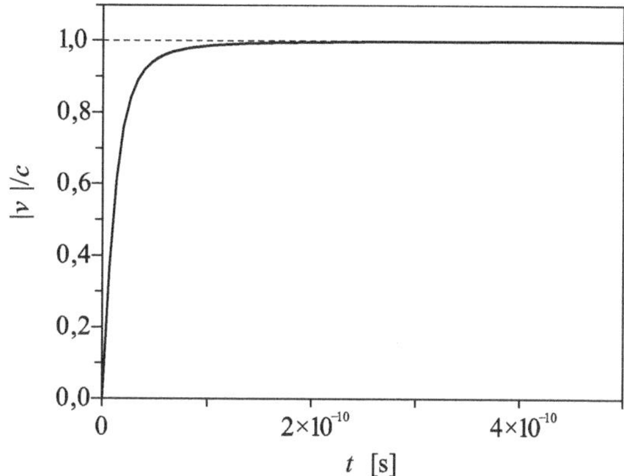

Abb. 14.11 Zur Ü.11.3: $|v|/c$ für ein Elektron, das durch ein elektrisches Feld von 10^8 V/m beschleunigt wird

Lösung Ü.11.3 Die x-Komponente der Geschwindigkeit folgt der Differentialgleichung

$$\frac{d}{dt}\left(\frac{mv}{\sqrt{1-v^2/c^2}}\right) = -eE\ .$$

Integrieren ergibt

$$\frac{mv}{\sqrt{1-v^2/c^2}} = -eEt + \text{const.}$$

Mit der Anfangsbedingung $v(0)=0$ schließen wir, dass die Integrationskonstante null ist. Schließlich können wir die Gleichung für v lösen und erhalten

$$v = \frac{-\frac{eEt}{m}}{\sqrt{1+\left(\frac{eEt}{mc}\right)^2}}\ .$$

Die Abb. 14.11 zeigt $|v|/c$ in Abhängigkeit von der Zeit.

Lösung Ü.12.1 Die im freien Fall befindliche Uhr zeigt mehr Zeit an, da sie einer Geodäte folgte und die zeitlichen Geodäten die längsten Verbindungen zwischen Ereignissen sind.

Lösung Ü.13.1 Die Zeitgleichungen von zwei aufeinanderfolgenden Wellenfronten sind:

$$x_1(t) = Ct^{1/3} + x_{10}\ , \quad x_2(t) = Ct^{1/3} + x_{20}\ .$$

Seien τ_E und τ_B die Schwingungsperioden der Welle bei Emission und Beobachtung. Durch lokale Linearisierung der Zeitgleichung erhalten wir

$$\dot{x}_2(t_E) = \frac{x_2(t_E) - x_1(t_E)}{\tau_E} = \frac{x_{20} - x_{10}}{\tau_E} = C\frac{1}{3}t_E^{-2/3}$$

und

$$\dot{x}_2(t_B) = \frac{x_2(t_B) - x_1(t_B)}{\tau_B} = \frac{x_{20} - x_{10}}{\tau_B} = C\frac{1}{3}t_B^{-2/3} .$$

Durch Teilen der zweiten Gleichung durch die erste erhalten wir

$$\frac{\tau_E}{\tau_B} = \frac{\nu_B}{\nu_E} = \frac{t_B^{-2/3}}{t_E^{-2/3}} = \left(\frac{t_E}{t_B}\right)^{2/3} .$$

Für den in Abb. 13.1 gezeichneten Fall hätten wir $t_E = 3\,\text{Ga}$ und $t_B = 12\,\text{Ga}$ und dann wäre die beobachtete Frequenz um einen Faktor $(\frac{1}{4})^{2/3} \approx 0{,}397$ reduziert.

Bibliographie

Näheres zum Michelson-Interferometer und allgemein zur optischen Interferometrie findet man in dem hübschen Buch von

- O.S. Ditchburn, R.W. Heavens: Insight into Optics. John Wiley & Sons 1991 ISBN 0471929018

Weitere Literatur über die spezielle und allgemeine Relativitätstheorie:

- A. Einstein: Grundzüge der Relativitätstheorie. WTB Wissenschaftliche Taschenbücher Band 58 Vieweg + Sohn 1973
- A. Einstein: Über die spezielle und allgemeine Relativitätstheorie. WTB Wissenschaftliche Taschenbücher Band 59 Vieweg + Sohn 1982
- H.A. Lorentz, A. Einstein, H. Minkowski und H. Weyl with Notes by A. Sommerfeld: The Principle of Relativity. A collection of original memoirs on the special and general relativity. Dover Publications (1952)
- D. Halliday R. Resnick, Fundamentals of Physics. Wiley 2021 ISBN-10 1111977 3512 ISBN-13 978-1119773511
- W. Rindler: Introduction to Special Relativity Oxford Science Publications 1995 ISBN 0 19 853952 5
- B. Lesche: The $c = \hbar = G = 1$-question. Studies in History and Philosophy of Modern Physics 47 (2014) p.107–p.116

Weitere Literatur zur Kosmologie:

- G.O. Abell, D. Morrison, S.C. Wolff: Erkundung des Universums 5. Auflage Saunders College Publishing (1987)
- M. Roos: Introduction to Cosmology. Wiley & Sons 1994 ISBN 0471942987
- T. Padmanabhan: Structure formation in the universe. Cambridge University Press 1995 ISBN 0521424860

B. Lesche, *Relativitätstheorie*, https://doi.org/10.1007/978-3-662-73561-9

Konstanten

1) Einheiten von Länge und Zeit

Eine Sekunde ist die Dauer von 9.192.631.770 Schwingungen eines Cäsium-133-Atoms, frei von äußeren Kräften, das sich in einem Superpositionszustand der beiden Hyperfeinstrukturzuständen des Grundzustands befindet.

Sekundäre Einheiten:

Name	Symbol	Wert in Sekunden
Meter	m	$\frac{1\,\text{s}}{299.792.458}$
Astronomische Einheit (Große Halbachse der Erdumlaufbahn)	AU	499,0047838 s
Jahr	a	$3{,}155 \cdot 10^7$ s
Parallaxensekunde $= 1\text{AU}\,\frac{360 \cdot 60 \cdot 60}{2\pi}$	pc	$1{,}02927125 \cdot 10^8$ s

B. Lesche, *Relativitätstheorie*, https://doi.org/10.1007/978-3-662-73561-9

2) Ungefähre Werte einiger Konstanten

Konstante	Symbol	Ungefährer Wert
Lichtgeschwindigkeit	c	$3{,}00 \cdot 10^{8}$ m/s
Elektrische Permittivität des Vakuums	ε_0	$8{,}85 \cdot 10^{-12}$ As/Vm
Magnetische Permeabilität des Vakuums	μ_0	$1{,}26 \cdot 10^{-6}$ Vs/Am
Elementarladung	e	$1{,}60 \cdot 10^{-19}$ As
Gravitationskonstante	G	$6{,}67 \cdot 10^{-11}$ $m^3s^{-2}kg^{-1}$
Masse des Elektrons	m_e	$9{,}11 \cdot 10^{-31}$ kg
Protonenmasse	m_p	$1{,}67 \cdot 10^{-27}$ kg
Neutronenmasse	m_n	$1{,}68 \cdot 10^{-27}$ kg
Plancksche Konstante	h	$6{,}63 \cdot 10^{-34}$ Js
Gaskonstante	R	$8{,}31$ J mol^{-1} K^{-1}
Avogadro-Zahl	N_A	$6{,}02 \cdot 10^{23}$ mol^{-1}
Boltzmann-Konstante	k	$1{,}38 \cdot 10^{-23}$ J K^{-1}
Stefan-Boltzmann-Konstante	σ	$5{,}67 \cdot 10^{-8}$ W m^{-2} K^{-4}
Bohr-Radius	r_B	$5{,}29 \cdot 10^{-11}$ m
Magnetisches Moment des Elektrons	μ_e	$9{,}28 \cdot 10^{-24}$ J/T
Magnetisches Moment des Protons	μ_p	$1{,}41 \cdot 10^{-26}$ J/T

3) Sonne, Erde, Mond

Eigenschaft	Einheit	Sonne	Erde	Mond
Masse	kg	$1{,}99 \cdot 10^{30}$	$5{,}98 \cdot 10^{24}$	$7{,}36 \cdot 10^{22}$
Radius	m	$6{,}96 \cdot 10^{8}$	$6{,}37 \cdot 10^{6}$	$1{,}74 \cdot 10^{6}$
Gravitation an der Oberfläche	ms^{-2}	274	9,81	1,67

Entfernung Erde–Mond: $3{,}82 \cdot 10^{8}$ m
Entfernung Erde–Sonne: $1{,}50 \cdot 10^{11}$ m
Von der Sonne abgestrahlte Leistung: $3{,}90 \cdot 10^{26}$ W

Nachwort

Dieses Buch wurde ursprüngliche mit dem Titel „Teoria da Relatividade" in portugiesischer Sprache herausgegeben und erhielt nun im Titel den Zusatz „die objektive Geomertie der Raum-Zeit verstehen". Ich danke Herrn Dr. Andreas Rüdinger für den Vorschlag dieses Zusatzes und meinem Freund Uwe Gebranzig für die Anregung, das Buch auf Deutsch herauszugeben. Es ist schwer zu sagen, was Verstehen ist. Wichtig zum Verstehen eines Sachverhaltes ist, die für den Sachverhalt geeigneten Begriffe zu bilden. Vielleicht noch wichtiger ist es, sich von vorhandenen ungeeigneten Begriffen zu befreien. Im Kapitel „Rückblick auf Raum und Zeit in der nicht-relativistischen Physik" haben wir die Frage gestellt „Was ist Zeit?" und im Kap. 7 steht „t ist nicht *die Zeit*, sondern nur eine Koordinate". Wir sind die Antworten auf die Frage „Was ist die Zeit?" schuldig geblieben. Hier nun die Antwort: *die Zeit* ist ein ungeeigneter Begriff. Im Bereich kleiner Geschwindigkeiten und kleiner Entfernungen mag man das Wort Zeit sinnvoll verwenden, aber wenn Bezugssystemwechsel mit hohen Geschwindigkeiten und wenn astronomische Entfernungen im Spiel sind, macht der Begriff Zeit keinen Sinn. Die geeigneten Begriffe sind dann: *zeitlicher Abstand*, *Alter* oder *Eigenzeit*, und die zeitliche Halbordnug *später als*. Die viel zitierte Zeitdilatation ist Unsinn. Zeit kann sich nicht ausdehnen, weil es sie garnicht gibt. Wenn Schöpfer einer wahrhaft revolutionären Theorie noch in alten ungeeigneten Begriffen verfangen sind, ist das verzeihlich. Aber mehr als 100 Jahre nach der Entdeckung der Relativitätstheorie sollte man doch begrifflich aufräumen. Dieses Buch mag dazu einen Beitrag geliefert haben. Sicherlich können wir nicht behaupten, die Raum-Zeit verstanden zu haben. Aber vielleicht ist ihre Geometrie hier klar geworden.

B. Lesche, *Relativitätstheorie*, https://doi.org/10.1007/978-3-662-73561-9

Stichwortverzeichnis

B. Lesche, *Relativitätstheorie*, https://doi.org/10.1007/978-3-662-73561-9

Zeitfracht Medien GmbH
Ferdinand-Jühlke-Straße 7
99095 Erfurt, Deutschland
produktsicherheit@kolibri360.de